金银花已成
熟的浆果

金银花种子

金银花幼果

1

金银花即将成熟的浆果

忍冬花花柱

"渝蕾 1 号"金
银花花蕾鲜品

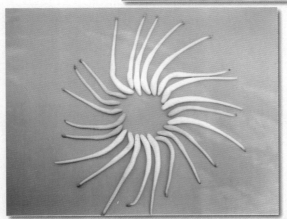

金银花花蕾期
鲜品

金银花银花期
鲜品

忍冬银花
初始期

忍冬银花
开放盛期

忍冬金花期

4

细毡毛忍冬
银花初始期

细毡毛忍冬
金花期

细毡毛忍冬
花柱

5

细毡毛忍冬
初蕾期

细毡毛忍冬
花蕾成熟期

贵州忍冬
花蕾期

6

"渝蕾1号"
金银花花蕾期

细毡毛忍冬
花蕾期

忍冬植株

7

忍冬金花
和银花期

整枝后的红
腺忍冬植株

整枝后的灰毡
毛忍冬植株

建设新农村农产品标准化生产丛书

金银花标准化生产技术

主 编

张含藻

副主编

杨成前 刘燕琴

编著者

张含藻 杨成前 刘燕琴

张晓波 韩 风 封孝兰

金盾出版社

内 容 提 要

　　本书由重庆市药物种植研究所专家根据多年对金银花引种栽培积累的资料编著。本书根据《中药材生产质量管理规范》(GAP)原则，按照无公害标准化栽培技术标准，对金银花标准化生产的品种选择、栽培技术、病虫鼠害防治、采收加工、质量标准、商品规格、真伪鉴别及商品运输、贮藏等进行介绍。内容丰富、通俗易懂、科学性和可操作性强，适合广大药农及专业技术人员阅读，亦可供相关院校师生参考。

图书在版编目(CIP)数据

　　金银花标准化生产技术/张含藻主编.—北京：金盾出版社，2010.6(2019.11 重印)
　　(建设新农村农产品标准化生产丛书)
　　ISBN 978-7-5082-6282-6

　　Ⅰ.①金…　　Ⅱ.①张…　　Ⅲ.①忍冬—栽培—标准化　　Ⅳ.①S567.7

　　中国版本图书馆 CIP 数据核字(2010)第 039380 号

金盾出版社出版、总发行
北京市太平路 5 号(地铁万寿路站往南)
邮政编码：100036　电话：68214039　83219215
传真：68276683　网址：www.jdcbs.cn
北京天宇星印刷厂印刷、装订
各地新华书店经销
开本：787×1092 1/32　印张：5.5　彩页：8　字数：112 千字
2019 年 11 月第 1 版第 6 次印刷
印数：26 001～28 000 册　定价：16.00 元
(凡购买金盾出版社的图书，如有缺页、
倒页、脱页者，本社发行部负责调换)

序　言

　　随着改革开放的不断深入,我国的农业生产和农村经济得到了迅速发展。农产品的不断丰富,不仅保障了人民生活水平持续提高对农产品的需求,也为农产品的出口创汇创造了条件。然而,在我国农业生产的发展进程中,亦未能避开一些发达国家曾经走过的弯路,即在农产品数量持续增长的同时,农产品的质量和安全相对被忽略,使之成为制约农业生产持续发展的突出问题。因此,必须建立农产品标准化体系,并通过示范加以推广。

　　农产品标准化体系的建立、示范、推广和实施,是农业结构战略性调整的一项基础工作。实施农产品标准化生产,是农产品质量与安全的技术保证,是节约农业资源、减少农业面源污染的有效途径,是品牌农业和农业产业化发展的必然要求,也是农产品国际贸易和农业国际技术合作的基础。因此,也是我国农业可持续发展和农民增产增收的必由之路。

　　为了配合农产品标准化体系的建立和推广,促进社会主义新农村建设的健康发展,金盾出版社邀请农业生产和农业科技战线上的众多专家、学者,组编出版了《建设新农村农产品标准化生产丛书》。"丛书"技术涵盖面广,涉及粮、棉、油、肉、奶、蛋、果品、蔬菜、食用菌等农产品的标准化生产技术;内容表述深入浅出,语言通俗易懂,以便于广大农民也能阅读和使用;在编排上把农产品标准化生产与社会主义新农村建设巧妙地结合起来,以利农产品标准化生产技术在广大农村和广大农民群众中生根、开花、结果。

我相信该套"丛书"的出版发行,必将对农产品标准化生产技术的推广和社会主义新农村建设的健康发展发挥积极的指导作用。

王连铮

注:王连铮教授是我国著名农业专家,曾任农业部常务副部长、中国农业科学院院长、中国科学技术协会副主席、中国农学会副会长、中国作物学会理事长等职

前　言

　　金银花是常用的大宗药材之一,应用历史悠久。味甘、性寒,具有清热解毒、凉散风热之功效。其性味归经和功效主治在历代本草均有记载。据《中药现代化研究与应用》第三卷收载,金银花可用于预防和治疗呼吸道感染、细菌性感染、急性扁桃腺炎、高热症、慢性咽炎、小儿肺炎、腮腺炎、小儿风疹、阑尾炎、乳腺炎、急性肾盂肾炎、胆汁返流性胃炎、肝炎、急性肠炎、菌痢、慢性肠炎、高脂血症、慢性骨髓炎、皮肤病等40多种疾病。现代药理研究表明,金银花有抗病毒、抗菌的作用。对多种致病菌如金黄色葡萄球菌、溶血性链球菌、肺炎球菌、脑膜炎球菌、大肠杆菌、痢疾杆菌、霍乱弧菌、伤寒及副伤寒杆菌、绿脓杆菌及结核杆菌、钩端螺旋体、流感病毒及疱疹病毒等均有抑制作用。由于药效稳定,抗菌性强,越来越受到医、患者的关注。尤其是在"非典"、禽流感及目前全球性流行的甲型流感期间,金银花在临床应用上发挥了神奇的功效。随着工业化的飞速发展,伴随而来的环境污染、流行性疾病的增加,金银花药材生产必将备受关注。同时,随着医药事业的蓬勃发展及人民生活水平的不断提高,膳食结构的不断改变,人们对健康长寿和保健的愿望越来越强烈,加之制药业的日益发展,对金银花的需求量也将逐步上升。尤其是高品质的金银花药材更受日本、韩国及东南亚与东欧国家的青睐。因此,金银花的标准化生产将为金银花的栽培提供重要契机。

　　大力发展金银花标准化栽培是一条开发山区经济的重要途径。广大药农在原栽培技术的基础上,大力开展科学研究,力求金银花生产规范化,建立金银花《中药材生产质量管理规范》(GAP)的基地,积极应用新的、先进的栽培技术,为国内外市场提供优质产品,这对提高金银花的社会经济效益与提高人民的健康水平,将具有重要意义。

本书是依据重庆市药物种植研究所多年对金银花引种栽培试验研究中所积累的技术资料编写而成。根据 GAP 的指导原则,按照无公害标准化的栽培技术标准,对金银花的分类、形态特征、发展前景、临床应用、栽培技术、病虫鼠害防治以及采收加工、质量标准、商品规格、真伪鉴别及商品运输、贮藏等进行了较为详细的叙述。

本书在编写过程中参阅了国内出版的许多相关资料、图书及部分研究成果,有的还做了引用,在本书出版之际,谨向原作者表示衷心的感谢!

重庆市药物种植研究所张润林书记、李品明副所长、申明亮教授、刘正宇研究员对本书的编写给予了大力支持,在此亦表示衷心的感谢!

由于编著者水平有限,编写时间仓促,不妥和遗漏之处在所难免,敬请同仁及广大读者不吝指正。

编 著 者

目　　录

第一章 概　述

一、金银花标准化生产的概念

什么是标准化？标准化这个词内涵甚广，因行业不同，而标准化的定义或含义也不尽相同。从总的概念而言，标准化是社会化大生产的产物，是生产力发展的必然结果。随着科学技术的进步，专业化生产的发展，产品产量的增加和质量要求的提高，以及产销之间、社会各行业之间联系的密切，为了保证产品的质量和各种工作的质量，就必须制定和贯彻统一的、明确的标准。工农业生产因其自身的特点，有其各自的生产标准，就农业生产而言，也因其种类不同，而种植或栽培的标准也不一致。各有其自身的生产标准，中药材栽培虽含有农业的性质，但绝不能按照农业生产标准来指导中药材的种植。中药材的栽培应按其自身的特点来制定其生产的标准。

随着近代工业的突飞猛进，其对大自然的污染也随之加剧，无论是对大气或是对水质或是对土壤等环境的污染是有目共睹的。大气中的二氧化碳或硫化物等尘埃悬浮物含量的超标，水质达到不能饮用，甚至不能灌溉的程度，土壤的农药残留及重金属含量日益加剧。如此等等的环境污染给中药材栽培和农业生产均带来了极大的困境。由于中药材或农产品直接关系着人们的身体健康，乃至于生命的安全，因此中药材的生产应按其自身独有的特点而提出生产的标准。中药材生产标准化必须遵守国家制定的《中药材生产质量管理规范》(GAP)原则。按照国家有关法规和要求制订出金银花栽培标准化生产的技术方案或操作规程。在产地环境、品种鉴定、生产技术、采收加工、贮藏运输及产品质量等都要做出明确的技术实施方法和标准。使金银花栽培技术系统化、科学化、规范化,生产出来的药材产品达到无公害、无污染、绿色药材的标准。

二、金银花标准化生产的意义

目前,我国农业和农村经济发展已进入一个新的发展阶段。为了适应新的形势要求,需要对农业和农村经济结构进行战略性调整,开辟农民增收的新途径和新领域。进入 21 世纪以来,各地政府结合农业生产结构调整,把药用植物的种植列入调整目标。全国药用植物栽培基地建设热潮空前高涨。农民认为:"要发财,种药材",所以便一哄而上,什么药材品种价位高就种什么药材,使药用植物栽培遍地开花。在缺乏市场信息和规范化栽培技术指导的情况下,使许多地区的药用植物栽培不能按药用植物对气候条件的适应性,合理选择药用植物种类和合理布局,不尊重药用植物栽培"地道性"的原则。盲目引种。在栽培药用植物之前没有对当地的土壤、水质、大气及环境质量进行监测。所以,药用植物栽培出现了不规范的局面。结果生产出的药材,农药残留和重金属超标,达不到无公害、无污染、绿色药材的标准。

无污染、安全、优质的中药材是人们对天然药物用于健康保健的需求。随着我国经济的发展,人们生活水平的提高和改革开放,促成中药材走入市场,走向世界。国内外对中药材的需求量大幅度地增加。但是,目前我国中药材的生产主要是分散的小农经营方式,药材的质量低劣,达不到有机药材的质量标准。因此,必须实行规范化、标准化栽培。这是人们健康的需要,是中药材走向世界的需要。中药材标准化生产是实现可持续发展和药农增产、增收的必由之路。

三、金银花的入药部位、化学成分和药理作用

(一)入药部位

关于金银花的入药部位,古今有一定的差异。经考证,唐代以前的用药部位,基本上是用忍冬藤(金银花藤),应用范围较局限。如《名医别录》记载治寒热身肿;《本草拾遗》记载治热毒血痢。吴其浚称"古方罕用,至宋而大显。"宋元年间,较多应用于外科疮痈疔疽诸证。药用部位较多用忍冬茎叶,有的去茎单用叶,有的茎、叶、花同用。如《太平惠民和剂局方》中的神效托里散,主治痈疽,发背、肠痈、奶痈、无名肿毒等,方中用忍冬草(去梗)。宋代陈自明《外科精要》中,治消渴病愈后,预防发痈疽,用忍冬全草(根、茎、叶、花皆可)。《苏沈良方》中用治痈疮疡久不合,书中记载当时在江西、江苏一带流传至明清时期,已将忍冬藤与金银花分别应用,且大多应用的是金银花,对金银花的效用认识也更深入全面,如明·陈实功《外科正宗》托里消毒散、疔疮复生汤等,均用金银花。清代中医外科及温病学家也基本上是用金银花,忍冬藤的应用已较少,用途也较局限。

明代李时珍《本草纲目》认为"忍冬茎叶及花功效皆同。"现代研究证明,忍冬藤的有效成分及药理作用与金银花相似。而现代忍冬藤多用于热痹证。从忍冬藤与金银花的应用沿革来看,忍冬藤功用,尤其是清热解毒方面不亚于金银花。而忍冬藤的药源比金银花丰富,采集容易,价格便宜,在目前金银花药材紧缺、价格直线攀升的情况下,能充分利用藤茎、叶便可以缓解市场的供需矛盾。其实,现代的一些成药,如复方银菊感冒片、抗流感片、新抗流感片、银柴合剂等,均用忍冬藤代替金银花,治疗流行性感冒、上呼吸道感染或急性咽炎、急性扁桃腺炎等。

考证表明,从明清时期已将忍冬藤和金银花分别应用于临床,但原植物来源于何种植物难于考证,叫金银花名称的植物种类繁多,因此《中国药典》2005 年版仅收载了 1 种忍冬 Lonicera japonica Thunb. 的花蕾或蕾花混合品为正品金银花入药应用于临床。

(二)化学成分

金银花的花蕾及花中的成分较为复杂,经研究表明,其花中主要含挥发油、黄酮类、三萜类、有机酸、醇类及微量元素等。其中有机酸类约占 6%,以绿原酸为主,挥发油约含 0.6%,已测得 70 多种成分。黄酮类物质含量约占 3.55%。

1. 挥发油的含量 金银花目前在挥发油中鉴定出的化学成分多达 70 余种,因产地、干品、鲜花的不同,金银花中的化学成分略有差异,但主要的化学成分为棕榈酸,其他化学成分为醇类、醛、酯、酮、烷、烯、炔等有机化合物(表 1-1,表 1-2)。

表 1-1 金银花鲜花挥发油的化学成分

编号	化学成分	分子量	含量(%)	编号	化学成分	分子量	含量(%)
1	松油烯	136	0.53	20	喇叭茶醇	222	0.43
2	1-壬炔	124	0.43	21	长叶烯	204	0.27
3	1-甲氧基-4-丙基苯	148	0.21	22	蒈烷	138	0.78
4	芳樟醇	154	14.15	23	香茅醇乙酯	198	0.58
5	芳樟醇丙酯	210	2.88	24	橙花醇乙酯	198	0.22
6	甲基环己烷	128	0.50	25	3,7-二甲基-6-辛烯(1)醇丙酯	212	0.83
7	香茅醇	156	0.72	26	2-羟基苯甲酸异庚酯	228	2.35
8	香叶醇	154	1.11	27	9-羟基-2-壬酮	158	0.62
9	顺-芳樟醇氧化物	170	10.46	28	9-十八烯酸甲酸甲酯	296	0.79
10	乙基环乙烷	112	0.76	29	癸酸甲酯	186	0.23
11	α-库比烯	204	1.24	30	棕榈酸	256	2.90
12	β-榄香烯	204	1.13	31	癸酸乙酯	200	0.90
13	α-衣兰烯	204	0.80	32	异丁酸香叶醣	210	0.14
14	β-石竹烯	204	0.28	33	金合欢醇	222	0.24
15	α-玷亚烯	204	21.52	34	香叶醇乙酯	196	0.86
16	γ-榄香烯	204	6.36	35	α-香叶烯	136	0.57
17	β-古芸烯	204	2.67	36	薄荷醇	156	0.43
18	δ-杜松烯	204	2.72	37	二氢香苇醇	154	0.19
19	3-己烯醇苯酯	204	0.64	38	1-辛炔	110	0.08

编号	化学成分	分子量	含量 (%)	编号	化学成分	分子量	含量 (%)
39	n-庚醛	114	0.94	46	芳樟醇乙酯	196	0.65
40	香叶醇丙酯	210	0.72	47	环己基乙酸酯	142	0.71
41	环癸烯	138	0.98	48	顺(2-异辛基) 邻苯二甲酸酯	390	0.89
42	α-月桂烯	136	0.96	49	十四烷	198	0.96
43	2-甲基香叶醇 丙酯	224	0.06	50	丙烯基己酸酯	156	0.20
44	3-乙基戊烷	100	0.48	51	十五烷	212	1.08
45	癸烷	142	0.05	52	十五烷酸甲酯	256	0.22

表 1-2　金银花干花挥发油的化学成分

编号	化学成分	分子量	含量 (%)	编号	化学成分	分子量	含量 (%)
1	1-癸炔	138	0.30	8	3,7-甲基-2,6- 辛二烯醇	154	0.95
2	1-辛醇	130	0.24	9	4-甲基戊烯(2)	84	0.01
3	3,7-甲基1,6- 辛二烯醇(3)	154	6.61	10	反-1-甲基-2-(2- 丙烯基)环戊烷	124	0.10
4	硝基环戊烷	115	0.03	11	己基环己烷	168	0.08
5	2-己烯醛	98	0.17	12	腰-己酸-3-己 烯酯	198	0.11
6	a-三甲基-3-环 己烯-1-甲醇	154	0.67	13	1-(2,6,6-三甲 基-1,3环己二烯 -1-基)-2-丁烯酮(1)	190	0.11
7	a-二甲基-3-环 己烯-1-乙醛	152	0.58	14	r榄香烯	204	0.11

编 号	化学成分	分子量	含 量 (%)	编 号	化学成分	分子量	含 量 (%)
15	1-烯丙基-3.4-二甲氧基苯	178	0.06	32	反 式-2-十 一烯醇(1)	170	0.11
16	苯甲酸戊酯	192	0.02	33	十四酸甲酯	242	0.22
17	4,6,8-三甲基壬烯	168	0.08	34	香叶醇	154	0.38
18	3,7,11-三甲基 1,3,6,10 十二碳四烯	204	0.11	35	肉豆蔻酸	228	3.07
19	a-衣兰烯	204	0.23	36	1,1 十二碳二醇二乙酸酯	286	0.10
20	腰芷酸苯酯	204	0.11	37	腰-9,10- 环氧十八烷醇(1)	284	0.03
21	漲酮	152	0.03	38	2-十二酮	184	0.07
22	δ-杜松烯	204	0.08	39	3-羟基十二酸	216	0.11
23	芳樟醇	154	0.31	40	十六醇(1)	242	0.12
24	月桂酸	200	0.80	41	2-十七酮	254	0.59
25	香茅醇	156	0.31	42	二十二烯	352	0.05
26	橙花叔醇	222	0.08	43	棕榈酸甲酯	270	1.90
27	愈创醇	222	0.03	44	棕榈酸	256	26.36
28	喇叭茶醇	222	0.58	45	11,14,17 二十碳三烯甲酯	320	4.13
29	苍术醇	222	0.10	46	薄荷醇	156	1.94
30	十氢-2,2,4,8-四甲基-2萘甲醇	222	0.16	47	9,12 十八碳二烯酸乙酯	308	9.86
31	反橙花叔醇	222	0.10	48	硬脂酸	284	1.00

编　号	化学成分	分子量	含量（%）	编号	化学成分	分子量	含量（%）
49	十五烷	212	1.20	58	二十二碳烯酸甲酯	354	6.45
50	十七酸甲酯	284	0.52	59	癸酸甲酯	186	0.49
51	十八醛	268	0.19	60	3,5,24 三甲基四十烷	604	0.26
52	2-氧代丙酸-腰-3-己烯酯	170	0.02	61	二十烷基环己烷	364	0.31
53	2-乙基癸醇(1)	173	0.06	62	十九醇	284	1.43
54	7-丁基双桥环[4,1,O]庚烷	150	0.19	63	2-丁基辛醇(1)	186	5.17
55	癸基羟胺	173	0.26	64	二十四碳酸甲酯	382	8.44
56	2,6 二甲基十七烷	268	0.03	65	2,6,10,14 四甲基十七烷	296	0.99
57	十四烷	198	1.28				

2. 黄酮类化合物　金银花中目前鉴定出的黄酮类化合物为：木犀草素、木犀草素-3-O-a-D-葡萄糖苷、木犀草素-7-O-p-D-半乳糖苷、槲皮素-7-0-p-D-葡萄糖苷、金丝桃苷、5-羟基-3',4',7-三甲氧基黄酮及 5-羟基-3',4',5',7-四甲氧基黄酮。

5-羟基-3',4',5',7-四甲氧基黄酮：分子式：$C_{19}H_{18}O_7$

5-羟基-3',4',5',7-四甲氧基黄酮。

经研究表明，金银花黄酮类化合物中的主要成分木犀草苷是金银花药材较强的活性成分。其药材所具有的清热解毒、消炎、抑菌等功效,多为木犀草苷所显示的作用结果。经紫外分光光度法测定了不同时期金银花修剪枝各部的木犀草苷含量,结果表明,不同部位,其含量亦有差异,其中以节部和叶部含量最高,花中含量其次,茎中含量最低。木犀草苷含量是评价金银花药材品质优劣的主要特征。

3. 有机酸类化合物 金银花中目前鉴定出的有机酸类主要包括绿原酸(Chlorogcnic acid)、异绿原酸(Isocholrogen-ic acid)、咖啡酸(Caffeic acid)和 3,5-二咖啡酰奎尼酸(3-5-0-di-caffeoylquinicacid)。异绿原酸是一混合物,咖啡酸是绿原酸的水解产物,而 3,5-二咖啡酰奎尼酸为其主要成分。绿原酸分子式为:$C_{16}H_{18}O_9$。

其中绿原酸、异绿原酸、咖啡酸是金银花中的主要有效成分,亦具有清热解毒、抑菌消炎的功效。绿原酸的含量多少亦是作为评价金银花药材品质优劣的特征之一。

4. 三萜类化合物 金银花中三萜类化合物目前已鉴定出 6 种:常春皂苷元-3-氧-a-L-鼠李吡喃糖基(1-2)-a-L-阿拉伯吡喃糖苷;3-氧-a-L-鼠李吡喃糖基(1-2)-a-L-阿拉伯吡喃糖基-常春皂苷元-28-氧-B-D-吡喃木糖基(1-6)-8-D-葡萄吡喃糖基酯;3-氧-a-L-鼠李吡喃糖基(1-2)-a-L-阿拉伯吡喃糖基-常春皂苷元-28-氧-p-D-葡萄吡喃糖基(1-6)-p-D-葡萄吡喃糖基酯;3-氧-a-L-鼠李吡喃糖基(1-2)-a-L-阿拉伯吡喃糖基-常春皂苷元-28-氧-a-L-鼠李吡喃糖基(1-2)[p-D-吡喃木糖基(1-6)]-p-D-葡萄吡喃糖基酯;3-氧-B-D-葡萄吡喃糖基(1-3)-a-L-鼠李吡喃糖基(1-2)a-L-阿拉伯吡喃糖基-常春皂苷元-28-氧-B-D-葡萄吡喃糖基(1-6)-B-D-葡萄吡喃糖基酯;3-氧-p-D-葡萄吡喃糖基(1-4)-p-D-葡萄吡喃糖基(1-3)-a-L-鼠李吡喃糖基(1-2)a-L-阿拉伯吡喃糖基-常春皂苷元-28-氧-p-D-葡萄吡喃

糖基(1-6)-p-D-葡萄吡喃糖基酯。

5. 醇类化合物　金银花中目前鉴定出的醇类(挥发油中除外)主要包括:β-谷甾醇、肌醇、二十九烷醇等。

β-谷甾醇分子式为:$C_{29}H_{50}O$。

6. 微量元素　金银花中目前鉴定出 15 种微量元素:Fe、Mn、Cu、Zn、Ti、Sr、Mo、Ba、Ni、Cr、Pb、V、Co、Li、Ca。

(三)药理作用

金银花及其同属植物药理作用的研究表明,金银花具有抗病原微生物、解热、抗炎、保肝、止血、抗氧化、免疫调节、降脂、降糖及抗肿瘤等作用。

1. 抗病原微生物作用　试验研究结果表明:金银花对多种致病菌均有一定的抑制作用,包括金黄色葡萄球菌、溶血性链球菌、大肠杆菌、痢疾杆菌、霍乱弧菌、伤寒杆菌、副伤寒杆菌,对肺炎球菌、脑膜炎双球菌、绿脓杆菌、结核杆菌亦有效,水浸剂比煎剂作用强。金银花对致龋病的变形链球菌、放线黏杆菌和引起牙周病的产黑色素类杆菌、牙龈类杆菌及伴放线嗜血菌亦显示了较强的抗菌活性。金银花于体外有一定的抗钩体作用,对皮肤真菌有一定抑制作用。金银花水煎剂(1:20)在人胚肾原代单层上皮细胞组织培养上,对流感病毒、孤儿病毒、疱疹病毒多有抑制作用。金银花对革兰氏阴性细菌内毒素有较强的拮抗作用,对抗艾滋病病毒(HIV)亦显示中等活性。

2. 解热、抗炎作用　试验研究结果表明:金银花水煎液、口服液和注射液对角叉菜胶、三联菌苗致热有不同程度的退热作用,对蛋清、角叉菜胶、二甲苯所致足水肿亦有不同程度的抑制作用。

3. **保肝作用** 动物试验研究结果表明:金银花中的三萜皂苷对小鼠肝损伤有明显的保护作用,黄褐毛忍冬总皂苷能显著抑制乙酰氨基酚及 D-半乳糖胺所致肝中毒小鼠血清 ALT 的升高及降低肝脏甘油三酯含量,并明显减轻肝脏病理损伤的严重程度,使肝脏点状坏死数总和及坏死改变出现率明显降低;并且对醋氨酚与镉所致小鼠急性肝损伤也有明显的保护作用。动物试验研究结果表明:金银花所含多种绿原酸类化合物具有显著的利胆作用,可增进大鼠胆汁分泌。

4. **止血作用** 试验研究结果表明:金银花炭水煎液、混悬液具有显著的止血作用,而且混悬液的作用强于水煎液。金银花炭中鞣质的含量仅为生品的 1/2,但其止血作用却明显优于生品,从而提示鞣质并非金银花炭止血作用的惟一物质基础。

5. **降血脂作用** 动物试验研究结果表明:金银花能显著降低多种模型小鼠血清胆固醇(Tc)及动脉粥样硬化指数(A1),提高高密度脂蛋白-胆固醇(HDL-c)含量,保护胰腺 β 细胞及弱降糖作用。

6. **抗生育作用** 动物试验研究结果表明:金银花乙醇提取后的煎剂注射给药,对小鼠、狗、猴等多种动物具有抗生育作用。

7. **对免疫系统的作用** 动物试验研究结果表明:金银花具有促进白细胞、促进炎性细胞吞噬功能,降低豚鼠 T 细胞 a-醋酸萘酯酶(ANAE)百分率,降低中性粒细胞(PMN)体外分泌功能,恢复巨噬细胞和调理淋巴细胞功能,显著增强 IL2 的产生,具有调节机体免疫功能的作用。

8. **抗肿瘤作用** 金银花有提高免疫功能的作用,煎剂能增加白细胞、炎性细胞的吞噬能力。有研究表明金银花具有细胞类抗肿瘤作用,诱导癌细胞分化,抗癌侵袭、转移作用,抗信息传递,转移肿瘤的多药耐药性,抑制端粒酶活性,作为抗癌性增效剂以及抗癌性疼痛等作用,在肿瘤疾病预防中具有非常大的潜能和前景。

9. 抗氧化作用 利用 H_2O_2 CTMAB 鲁米诺发光体系研究证明,金银花水提取物在体外对 H_2O_2 具有直接的清除作用。且呈线性量效关系,说明其具有抗氧化反应的作用。

10. 中枢兴奋等作用 动物试验研究结果表明:金银花中所含绿原酸可引起大鼠、小鼠中枢神经系统兴奋。口服大剂量绿原酸能增加胃肠蠕动,促进胃液及胆汁分泌。此外,绿原酸还能轻微增加肾上腺素及去甲肾上腺素对猫与大鼠的升压作用。

11. 毒副作用 试验研究结果表明:金银花中绿原酸具有致敏原作用,可引起变态反应,但口服无此反应,因绿原酸可被小肠分泌物转化成无致敏活性的物质。试验也证明金银花有轻微溶血作用。

四、金银花的栽培现状及发展前景

(一)栽培现状

据金银花地道产区的记载,河南省封丘县金银花的栽培已有 1 500 多年的历史。山东省的平邑县也有 260 多年种植金银花的历史,由于金银花是我国医学中常用的大宗药材,而且分布也较广,几乎遍及全国各省、自治区、直辖市,因此较多的地区或多或少都有一定的人工种植面积。

回顾历史,20 世纪 50 年代因野生资源较多,产销基本平衡。此后,因市场的需要量不断增加,而野生金银花采集比较困难,且产量不稳定,质量又差,所以从 20 世纪 70 年代初期开始,引种工作得到了广泛开展,国家对生产所需的资金、肥料、农药、加工设备、燃料等均给于重点安排,同时调整了收购价格,从而推动了金银花生产的迅速发展。到 20 世纪 70 年代末,全国金银花的总产量突破了 400 万千克。进入 20 世纪 80 年代,农村经济体制改革调动了群众的生产积极性,金银花产量又有大幅度提高,1984 年后全国已大范围、大面积地进行了金银花的栽培或引种试验,尤其金银花的地道产区或主产区已建立了规范化(GAP)和规模化的种植基地,如山东省平邑县在山东省政府的支持下,建设了被国家命名的"金银花之乡"的大型基地,年产金银花 300 万千克,全县金银花收入 1 亿元以上。河南省封丘县以"生产围着市场转,结构随着市场调"的经营理念,建立了"黄河金银花股份有限公司"。通过科研,不仅提高了单位面积产量,而且产品质量也大大提高。目前金银花已成为该县的支柱产业。湖南省溆浦县建立了"中国湘蕾金银花推广中心",种植"湘蕾"系列金银花 2 万余公顷。

此外,在广西、四川、贵州、云南、重庆等地都有一定的金银花种植面积,尽管目前尚未形成规模,但各地的主管部门正在规划设计金银花的种植园区,贵州省安龙县拟建立金银花生产和销售集散中心,此规划一旦实现,不仅可防治该地区喀斯特地貌生态石漠化,改善生态环境,更可以加快该地区农民脱贫致富的进程。

重庆市秀山地区已有 30 多年种植金银花的经验,目前种植面积达 4 246.7 公顷,年产金银花干品 25 万余千克,今年随着农业结构的调整,全县的种植面积正不断扩大,并将成为渝东南地区最大的金银花规范化种植基地。

由于金银花是多年生落叶灌木,是 1 次栽种多年受益的药材品种,且适应性强,能在多种生态环境条件下生长,对土壤要求不严,有耐湿、耐旱、耐寒的特性,无论是壤土、黏土、砾石土甚至在基石或紫色沙岩的风化土上也能生长。由于金银花自身所具有的特性,使我国很多地区均适于种植,尤其是退耕还林地段,或闲置的荒山秃岭或屋前屋后更适于栽培。这不仅可增加农民收入,而且可改善该地区的生态环境,为贫困山区产业化脱贫和可持续发展开辟新的途径。

(二)发展前景

1. 目前市场的销售状况 金银花在我国大部分地区均有分布,金银花正品与地方性品种有 45～50 种之多,几乎遍及全国各地,其正品金银花主产于河南、山东等省,也是金银花的地道产区,其产量约占全国总产量的 60%。全国市场年销售量为 800 万～1 000 万千克,而据业内人士统计,其市场的实际需求量却高达 2 000 万千克,表明其实际产量不足需求量的 50%。尤其近期世界性的甲型流感传播流行的严峻情况下,具有天然抗生素之称的金银花其供求缺口更显得突出。卫生部、国家中医药管理局目前在制定的《甲型 H1N1流感中医药预防方案》中金银花是预防新流感的主要成分之一。表明随着甲型流感疫情的持续蔓延,金银花的需求量还会不断增加。要满足市场需求,解决产销矛盾的关键问题,惟一的途径就是通过人工的大力栽培来维持市场的需求。

2. 医学临床应用 金银花是重要的中药材,又是大宗药材品种之一,临床应用历史悠久,其性味归经和功效主治在历代本草中多有记载。如《名医别录》记载忍冬味“甘,温,无毒"。《本草拾遗》定为"小寒"。《本草再新》认为是"味甘苦，性微寒"。忍冬藤和金银花皆以清热解毒见长，性属寒凉无疑。

明清医家还记载了大量以金银花为主的方剂，应用于临床各科，尤其是中医外科，用于治疗疔疮肿毒、内痈外疡。正是取其散邪、透邪托毒外出、清解热毒之效。如清代陈士铎《洞天奥旨》记载方 580 余首，治疮疡痈疽的方剂达 342 方，其中有金银花的 130 方，占 38.3％，且以金银花命名的就有 21 方。在每个有金银花的方中，其金银花的用量都大于其他药物。他认为金银花大剂量能清散火毒，败毒托里，散气和血，火毒消则阴血存。且以金银花在阴阳疮疡的不同阶段起着不同的疗效作用，如阳症初起能散毒、止痛；溃脓时能托毒、定眩；收口时能生肌、起陷。其他如《医宗金鉴》之五味消毒饮、《验方新编》之四妙勇安汤等至今为临床所常用。金银花的透邪解毒作用，诚如《得宜本草》所云"清中寓有宣散之功"。《本草正义》更进一步阐明"金银花，善于化毒，故治痈疽、肿毒、疮癣、梅毒、风湿诸毒，诚为要药，毒未成者能散，毒已成者能溃……"。

据《中药现代化研究与应用》第 3 卷收载，金银花可用于预防和治疗呼吸道感染、细菌性感染、急性扁桃腺炎、高热症、梅核气（慢性咽炎）、小儿肺炎、腮腺炎、小儿风疹、矽肺合并肺部感染、阑尾炎、阑尾脓肿、钩端螺旋体病、乳腺炎、急性肾盂肾炎、胆汁返流性胃炎、肝炎、急性肠炎、菌痢、慢性肠炎、细菌性痢疾、急性阿米巴痢疾、妊娠早期急性尿路感染慢性附件炎、高脂血症、慢性骨髓炎、复发性口疮、皮肤病、褥疮、肿瘤放疗、化疗口干症等 40 多个病种。

我国首位国医大师张琪教授在甲型流感流行期间研制了

以金银花为主药的甲型流感专药,经对 155 例的甲型流感患者的治疗,其治愈率达 100％。根据患者不同症状的不同表现,分别研制了两个剂型的配方,其中"清瘟解毒Ⅰ号"(组方:金银花 30 克、连翘 20 克、生石膏 30 克、知母 20 克、柴胡 10克、黄芩 15 克、荆芥 15 克、牛蒡子 15 克、重娄 20 克、桔梗 20克、枳壳 20 克、浙贝母 15 克、薏苡仁 20 克、天花粉 25 克、麦门冬 25 克、赤芍 20 克、甘草 15 克)药剂适用于发热或高热、咳嗽咳黄痰、咽痒等证,具有退热抗病毒、化痰止咳、利咽消肿等功效;"清瘟解毒Ⅱ号"(组方:金银花 30 克、连翘 20 克、黄芩 15 克、荆芥 15 克、牛蒡子 15 克、薄荷 15 克、桔梗 20 克、枳壳 20 克、浙贝母 15 克、枇杷 15 克、天花粉 25 克、玄参 20 克、薏苡仁 20 克、赤芍 20 克、甘草 15 克)药剂适于发热或不发热、干咳少痰、咽痛痒者。具有止咳化痰、利咽止痒,提高机体免疫力等功效。

上述两方除对甲型流感有效外,对普通感冒、咽炎、支气管炎、肺炎等也适用。

总之,金银花能散太阳风热,善解阳明肌肉热毒。凡有风、湿、毒邪者,均为常用之品。

以金银花为主的古方正在扩大其新用途,并通过试验研究和临床实践创制新方以适应临床治疗的需求。

3. 种植前景 随着医药事业的蓬勃发展及人民生活水平的不断提高,膳食结构的不断改变,人们对健康长寿和保健的愿望愈来愈强烈;并随着中药走向世界,人们把中药视为珍宝,许多名贵中药材成了国际市场的抢手货。因此,我国的中药材前景广阔,中药材的出口量也逐年增加。国际社会对天然药材的需求也日益增长。目前,据国际药材市场交易额的初步统计已达 400 亿美元。国际社会对天然药材的研究与开发的兴趣越来越浓,市场需求快速增长,科技部、国家食品药品监督管理局、国家中医药管理局在中药现代化产业基地建设中,提出要将中药材的种植规范化,使药材栽培中的良种选育、栽培技术、采收与加工、贮藏与运输等生产中的各个环节规范化。种植出质量可靠、降低农药残留量及重金属含量等指标在允许范围内的优质中药材,以提高我国中药材在国际药材市场上的地位和竞争力。通过标准化生产出高产、优质、无公害的金银花药材,必将在药材市场上占据优势,为金银花种植创造广阔天地。

据业内人士调查统计,在 2003 年"非典"流行期间,金银花主产区由于金银花药材产品短缺,一时价格猛增,由原来仅售 30 元/千克左右上升至 230～250 元/千克,最高达 300 元/千克,这样一来使产区药农和药材加工户在短短的时间内一跃成为暴发户。如河南省平邑县的郑城镇就大发金银花财,"非典"时期有的成了百万乃至千万富翁。非典过后,轿车、二层新楼的数量猛增出来。其实郑城镇地处山区,有着 200 多年种植金银花的历史,全镇家家户户种金银花。目前这个山镇有 18 家金银花购销加工企业,直接从业人员达 4 000 余人,全镇 80％以上的财政收入都来于此。郑城镇由此形成了一个巨大的金银花交易市场,湖北、湖南、四川、贵州以及朝鲜的金银花都被运至这里交易,全年交易量超过 400 万千克,交易额近 3 亿元。金银花在当地随时都可变现,在当地人眼中,"金银花存在家就如同现金存进银行",根本不愁销路。

由于金银花是天然广谱抗生素,无论是"非典"病毒,或禽流感病毒,或当前的甲型流感病毒及其变异株等多种病毒都有抑制和杀灭作用。因此,金银花药材在"瘟病"流行期间,药材供需矛盾非常突出,其市场价格呈直线上升。"非典"期的

2003 年,金银花暴涨至 300 元/千克左右。2009 年的甲型流感期间金银花的价格从 8 月份以来持续攀升,特别是正品金银花的价格已超过 300 元/千克,有些大城市作为中药配方的金银花最高已经卖到 500 元/千克,且市场根本无货可供。

而目前世界卫生组织和东欧一些国家的医药界已公认金银花等清热解毒药物为防治甲型流感的可靠药物。因此,目前国际市场的金银花成了药商的抢手货。

由于世界环境的多变,疫情也随之而发生变化,今后的疫情如何变异,实难预料,但有一点可以肯定,那就是具有较强清热解毒作用的金银花其身价必将在现有基础上成倍上升。可以预测,金银花种植业必有一个突破性进展,而且必将是久盛不衰。

第二章 金银花标准化生产的品种选择

一、忍冬的植物学分类及特征

(一)忍冬的植物学分类

金银花是一种常用的中药,为忍冬科忍冬属植物的干燥花蕾或带初开的花,具有清热、凉散风热的功效。用于痈肿疔疮、喉痹、丹毒、热毒血痢、风热感冒、温病发热。忍冬科忍冬属植物全世界有 200 多种,我国有 98 种。

而《中华人民共和国药典》(以下简称《中国药典》)对金银花收载的植物来源有较大的改变,《中国药典》1963 年首次收载金银花源植物只有 1 种:忍冬科植物忍冬 Lonicera japonica Thunb.《中国药典》1977 年版增加了 3 个种:红腺忍冬 Lonicera hypoglauca Miq.、山银花 Lonicera confusa DC. 和毛花柱忍冬 Lonicera dasystyla Rhed. 金银花共有 4 种植物来源,这种多来源的金银花在全国使用了 28 年;《中国药典》2005 年版将金银花分列为金银花和山银花,金银花的来源和 1963 年版一样,只有 1 种植物,即忍冬科植物忍冬 Lonicera japonica Thunb. 另收载山银花,来源为忍冬科灰毡毛忍冬 Lonicera macranthoides Hand. -Mazz.、红腺忍冬 Lonicera hypoglauca Miq. 和华南忍冬 Lonicera confusa DC. (即 2005 年版以前的山银花)3 种植物,与上版药典比较增加了灰毡毛忍冬,取缔了毛花柱忍冬。

忍冬属植物的分种检索表如下(以四川、重庆、贵州12种金银花原植物分种检索表为例):

1. 生于总花梗顶端,花序下的1~2对叶片基部不连生成盘状
  2. 叶背面被毡毛
    3. 叶背面只被一种毛组成的毡毛
      4. 叶背面密被极短糙毛组成的灰白色毡毛,网脉突起呈明显的蜂窝状小格纹 …………………… 灰毡毛忍冬
      4. 叶背面密被长柔毛组成的毡毛,网脉不呈明显突起
        5. 叶片先端急尖或渐尖。叶背面被绒柔毛组成的灰白色或灰黄色的薄毡毛,中脉及侧脉毡毛无或有极疏毛…………………………………………… 细毡毛忍冬
        5. 叶片先端钝而具凸尖。叶背面被密短柔毛组成的黄绿色或灰白色的厚毡毛;并夹有长柔毛,中脉及侧脉上毛尤多 …………………… 峨眉忍冬
    3. 叶背面被长与短两种糙毛组成的黄褐色毡毛
      …………………………………………… 异毛忍冬
  2. 叶背面不被毡毛
    6. 叶背面密被无柄或极短柄的橘黄色至红色蘑菇状腺,腺顶端呈扁平状 …………………… 红腺忍冬
    6. 叶背面不被蘑菇状扁平的腺
      7. 叶纸质,包片大,叶片卵形长达3厘米;幼枝暗红褐色,密被开展的直糙毛和长腺毛 …………………… 忍冬
      7. 叶革质,苞片小,菲叶状,如为叶状则总花梗极短
        8. 茎为缠绕藤本
          9. 叶柄及总花梗较长,叶基椭圆形

10. 幼枝、叶柄和总花梗均被开展的黄褐色长刚毛和腺毛，叶表面中脉疏被长与短糙伏毛，叶缘至少有2行小刚睫毛 …………………………… 云雾忍冬

10. 幼枝、叶柄常被卷曲的淡黄色糙伏毛或完全无毛，至少叶表面中有密的小糙伏毛直达叶尖 …
…………………………………… 淡红忍冬

9. 叶柄和总花梗均极短、叶基浅心形。叶两面仅中脉有短糙毛，叶缘无毛；花冠管外面密被紧贴倒生白色短糙毛 …………………………… 短柄忍冬

8. 茎为匍匐状灌木，叶先端钝至圆形，有时具小凸尖或微凹缺，叶表面中脉及叶缘有糙毛…… 匍匐忍冬

1. 花单生，每3～6朵组成一轮，生于小枝顶端，有1至数轮，花序下的1～2对叶片基部合生成盘状

11. 叶被毛，花冠为二唇形。花冠黄色至枯黄色，长5～9厘米，上部外面略带红色，外面无毛，叶背粉绿色，被小糙毛或至少中脉下部两侧脉上密生横出臂毛状小髓毛 …………………………………… 盘叶忍冬

11. 叶不被毛，花冠不为二唇形。花冠内外两面均呈黄色，长2.5～3厘米，外面疏生长糙毛和腺，总花梗、叶柄及叶均光滑无毛 …………… 川黔忍冬

(二)忍冬的植物学特征

1. 忍冬(Lonicera japonica Thunb. Var. japonica) 金银花(本草纲目)。半常绿木质藤本；幼枝暗红褐色，密被黄褐色、开展的硬直糙毛、腺毛和短柔毛。下部常无毛。叶纸质，卵形至矩圆状卵形，有时卵状披针形，细圆形或倒卵形，极少

有 1 至数个钝缺刻,长 3～9.5 厘米,顶端尖或渐尖,少有钝、圆或凹缺,基部圆或近心形,有糙缘毛,上面深绿色,下面淡绿色,小枝上部叶通常两面均密被短糙毛,下部叶常平滑无毛而下面带青灰色;叶柄长 4～8 毫米,密被短柔毛,总花梗通常单生于小枝上部叶腋,与叶柄等长或稍短,下方则长达 2～4 厘米,密被短柔毛,并夹杂腺毛;苞片大,叶状,卵形至椭圆形,长达 2～3 厘米,两面均有短柔毛或近无毛;小苞片顶端圆形,长约 1 毫米,为萼筒的 1/2～4/5,有短糙毛和腺毛;萼筒长约 2 毫米,无毛,萼齿卵状三角形或长三角形,顶端面有长毛,外面和边缘都有密毛;花冠白色,有时基部向阳面呈微红色,后变黄色,长 2～6 厘米,唇形,筒稍长于唇瓣,外被倒生的开展或半开展糙毛和腺毛;雄蕊和花柱均高于花冠。果实圆形,直径

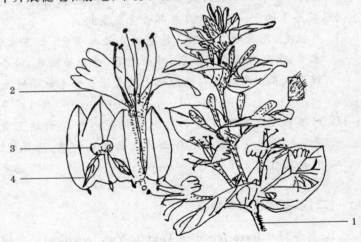

图 2-1 忍冬

1. 花枝　2. 花的纵剖面

3. 果放大示叶状苞片　4. 几种叶形

6～7毫米,熟时蓝黑色,有光泽;种子卵圆形或椭圆形,褐色,长约 3 毫米,中部有一凸起的脊,两侧有浅的横沟纹。花期 4～6 月份(秋季也开花),果熟期 10～11 月份。

全国各地均有自然生长。生于山坡灌丛或疏林中、乱石堆、山路旁及篱笆边,海拔最高达 1 500 米。也有栽培种植。

本种以花蕾入药,开放的花和混入叶均会影响质量。

本种最明显的特征是有大型的叶状苞片,而且形态变异非常大,包括枝、叶的被毛、叶的形状、花冠的长度等方面,都有很大的变化。而这些变化与生态环境有很大关系。

2. 华南忍冬 [*Lonicera confuse (sweet) DC. Prodr.*]

常绿藤本。幼枝、叶柄、总花梗、苞片、小苞片和萼筒均密被灰黄色卷曲短柔毛,并疏生微腺毛,小枝淡红褐色。叶纸质,卵形至卵状矩圆形,长 3～7 厘米,顶端尖或稍钝,基部圆形、带心形,幼嫩时两面有短糙毛,老时上面变无毛;叶柄长 5～10 毫米。花有香味,双花腋生或于小枝或侧生短枝顶集合成 2～4 节的短总状花序,有明显的总苞片;总花梗长 2～8 毫米;苞片披针形,长 1～2 毫米;小苞片圆卵形或卵形,长约 1 毫米,顶端钝,有缘毛;萼筒长 1.5～2 毫米,被短糙毛;萼齿披针形或卵状三角形,长 1 毫米,外密被短柔毛;花冠白色,后变黄色,长 2.2～5 厘米,唇形,筒直或有时稍弯曲,外面被多个开展的倒糙毛和长、短两种腺毛,内面有柔毛,唇瓣略短于筒;雄蕊和花柱均伸出,比唇瓣稍长,花丝无毛。果实黑色,椭圆形或近圆形,长 6～10 毫米。花期 4～5 月份,有时 9～10 月份开第二次花,果熟期 10 月份。

产于广东、海南和广西等地。生于丘陵地的山坡、杂木林和灌丛中及旷野路旁或河边,海拔最高为 800 米。

本种花供药用,为华南地区"金银花"中药材的主要品种。

藤和叶也入药。

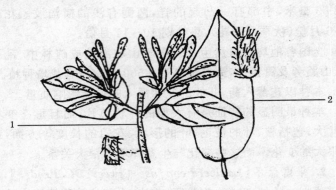

图 2-2　华南忍冬
1. 花枝　2. 萼筒放大

3. 红腺忍冬 (Lonicera hypoglauca Miq)　　落叶藤本;幼
枝、叶柄、总花梗、苞片、小苞片和萼筒均密被上端弯曲的淡黄
褐色短柔毛,有时还有糙毛。叶纸质,卵形至卵状矩圆形,长
6～11.5厘米,顶端渐尖或尖,基部圆形、带心形,下面有时粉绿
色,有无柄或极短的黄色至橘红色蘑菇形腺;叶柄长5～12毫
米。双花单生至多朵集生于侧生短枝上,或于小枝顶集合成总
状,总花梗比叶柄短或有时较长;苞片条状披针形,与萼筒几乎
等长,外面有短糙毛和缘毛;小苞片圆卵形或卵形,顶端钝,长
约为萼筒的1/3,有缘毛;萼筒无毛或有时略有毛,萼齿三角状
披针形,长为萼筒的1/2～2/3,有缘毛;花冠白色,有时有淡红
晕,后变黄色,长3.5～4厘米,唇形,唇比唇瓣稍长,外面疏生
倒微伏毛,并常具无柄或有短柄的腺;雄蕊和花柱均伸出,无
毛。果实熟时黑色,近圆形,有时具粉白色,直径长7～8毫米;
种子淡褐色,椭圆形,中部有凹槽及脊状凸起,两侧有横沟纹,

长 4 毫米；花期 4～5 月份，果熟期 10～11 月份。

产于安徽省南部、浙江省、江西省、福建省、台湾省北部和中部，湖北省西南部，湖南省西部和南部，广东省（除南部外），广西壮族自治区、四川省东部和东南部，贵州省北部、东南部至西南部及云南省北部至南部。生于灌木丛或疏林中，海拔在 200～700 米。

这种可以凭其叶下面具明显无柄或具短柄的蘑菇状腺与其他种区分。

本种以花蕾入药，在浙江、江西、福建、湖南、广东、四川、贵州省均作为"金银花"收购入药。

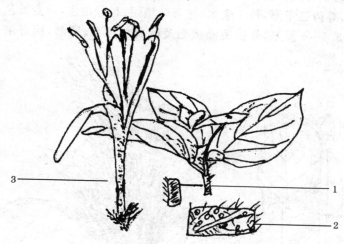

图 2-3　红腺忍冬
1. 果枝　2. 叶背放大示毛　3. 花放大

4. 灰毡毛忍冬 (Caprufoliaceae, Lonicera macranthoides)
藤本。幼枝或其顶梢有薄绒状短糙毛，有时兼具微腺毛，后变栗褐色有光泽而近无毛,很少在幼枝下部有开展长刚毛。叶革质,卵形、卵状披针形、矩圆形至宽披针形,长 6~14 厘米,顶端尖或渐尖,基部圆形、微心形或渐狭,上面无毛,下面被由短糙毛组成的灰白色或有时带灰黄色毡毛,并散生暗橘黄色微腺毛,网脉凸起而呈明显蜂窝状;叶柄长 6~10 毫米,有薄绒状短糙毛,有时具开展长糙毛。花有香味,双生,常密集于小枝梢成圆锥状花序;总花梗长 0.5~3 毫米;苞片披针形或条状披针形,长 2~4 毫米,连同萼齿外面均有细毡毛和短缘毛;小苞片圆卵形或倒卵形,长约为萼筒的 1/2,有短糙缘毛;萼筒常有蓝白色粉,无毛或有时上半部或全部有毛,长近 2 毫米,萼齿三角形,长 1 毫米,比萼筒稍短;花冠白色,后变黄色,长 3.5~6 厘米,外被短糙伏毛及橘黄色腺毛,唇形,筒纤细,

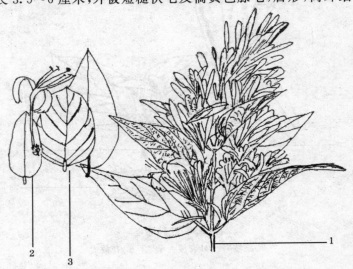

图 2-4 灰毡毛忍冬
1. 花枝 2. 花放大 3. 几种叶形

内面密生短柔毛,与唇瓣等长或约较长,上唇裂片卵形,基部具耳,两侧裂片裂隙深达 1/2,中裂片为侧裂片之半,下唇条状倒披针形,反卷;雄蕊生于花冠筒顶端,连同花柱均伸出而无毛。果实黑色,常有蓝白色粉,圆形,直径 6～7 毫米。花期6 月中旬至 7 月上旬,果熟期 10～11 月份。

产于安徽南部、浙江、江西、福建西北部、湖北西南部、湖南南部至西部、广东、广西东北部、四川东南部及贵州东部和西北部。生于山谷溪流旁、山坡或山顶混交林内,或灌丛中,海拔 500～1 800 米。

以花入药,为"金银花"中药材的主要品种之一,主产于湖南和贵州。

此外,还有忍冬属的多个品种,民间当"金银花"入药,如唇花忍冬 Lonicera sublabiata、蕊被忍冬 Lonicera gynochlamydea、杯萼忍冬 Lonicera inconspicua、凹叶忍冬 Lonicera retusa、下江忍冬(原变种) Lonicera modesta var. modesta、下江忍冬 Lonicera modesta、川黔忍冬 Lonicera subaequalis、贯月忍冬 Lonicera sempervirens、锈毛忍冬 Lonicera ferruginea、无毛淡红忍冬 Lonicera acuminata var. depilata、齿叶忍冬 Lonicera setifera、花忍冬(原变种) Lonicera trichosantha var. trichosantha、柳叶忍冬 Lonicera lanceolata、金银忍冬(原变种)Lonicera maackii var. maackii、新疆忍冬(原变种) Lonicera tatarica var. tatarica、甘肃忍冬 Lonicera kansuensis、云雾忍冬 Lonicera nubium、条叶蕊帽忍冬 Lonicera pileata var. linearis、水忍冬 Lonicera dasystyla、红白忍冬 Lonicera japonica var. chinensis、西南忍冬 Lonicera bournei、毛花忍冬 Lonicera trichosantha、灰毛忍冬 Lonicera cinerea 等品种。

二、金银花标准化生产的品种选择

(一)有性繁殖的品种选择

金银花种子育苗有一定的优势:一是金银花的种子量大,可以短期内培育大量的种苗,比扦插、分株等方法培育的苗子多,而且不伤害母株;二是种子育苗可以减少病虫害,长期采用无性繁殖的方法,可能导致病虫害的积累,导致种苗和药材的质量下降;三是种子繁殖可以选育和更新优良品种。所以,种子繁殖也是金银花繁殖的一种重要方法。

1. 金银花种子的选择 果实熟时黑色,近圆形,有时具粉白色,直径长 7~8 毫米;种子淡褐色,椭圆形,中部有凹槽及脊状凸起,两侧有横沟纹,长 4 毫米。播种育苗所用种子,必须选择生长健壮,无病虫害的优良单株作为母株。浆果中的种子应饱满均匀,发芽势不低于 75%,发芽率达 85% 以上,种子净度不低于 95%。

2. 金银花种子的采收和管理 金银花结浆果,浆果成熟期为 8~10 月份,浆果内包含种子 20~50 粒。浆果成熟后一般不会自动脱落,可以在 10 月下旬至 11 月上旬,大部分果实成熟后一次集中采收。果实采收后放置 10~15 天,使未完全成熟的种子后熟,然后用清水浸泡搓洗,去掉果皮、果肉及杂质,等种子阴干后采用河沙贮藏。可以采用室外或室内沙藏。

室内沙藏时注意保持种子的湿度,不能让种子干燥,干种子多不发芽。

室外沙藏的方法是:选地势较高处挖一条深 30 厘米、宽

40～50厘米、长100厘米左右的沟,将种子掺5～10倍的干净河沙,拌匀后平铺地面,上边盖上草席,再覆盖20厘米厚的河沙,呈屋脊状,防止雨水渗入沟内。沙的湿度以手握成团不滴水、松手散开为宜,湿度过大容易烂种。

室内、外沙藏时间要适宜,过长或过短均影响出苗后的成活率(表2-1)。

表 2-1 金银花种子沙藏时间与出苗率的关系

项　目	贮藏天数						
	20	30	40	50	60	70	80
出苗率(%)	20.3	31.7	40.8	68.1	82.2	63.0	35.6

3. 金银花种子品质的检验

(1)发芽率及发芽势的测定 发芽率是种子在适宜的条件下,发芽种子数与供试种子数的百分比。种子的发芽势是指在规定的时间内,发芽种子的数量占所测定种子数量的百分比。其计算公式分别为:

$$发芽率(\%)=\frac{发芽种子粒数}{供试种子粒数}×100\%$$

$$发芽势(\%)=\frac{在规定天数内发芽种子粒数}{供试种子粒数}×100\%$$

种子发芽率与发芽势计算应取4个及以上的试验组的平均值。

(2)种子纯净度的测定 种子纯净度是指供试样品除去一切杂质所剩下的该品种子占总重量的百分数。种子的纯净度越高,种子的质量越好。

检验方法:从平均样品中用四分法称取 100 克放在瓷盘中,用镊子拣出废种子(过于瘦小、霉烂与破损的)、草籽、虫和其他泥土、沙子等杂质。最后称量种子重量,以百分数表示。其计算公式为:

$$种子的纯净度(\%) = \frac{干净种子的重量(克)}{试样种子重量(克)} \times 100\%$$

(3)种子千粒重的测定　鉴别种子是否饱满、充实,除肉眼观察外,还可用测定千粒重的方法来鉴别。即将种子充分混合均匀,随机取 1 000 粒称量,重复 1 次以上,取平均值,即为种子的千粒重。以克为单位。

根据种子千粒重可以计算出 1 000 克金银花种子的粒数。如金银花种子千粒重是 5 克,则 1 000 克种子粒数应为:

$$金银花 1 000 克种子数 = \frac{1000}{5} \times 1000 = 2.0 \times 10^{5}$$

然后根据单位面积需要的株数,即可以计算播种量。

(4)种子含水量的测定　测定金银花种子含水量常用 105℃标准法,即在接受样品 24 小时内进行测定,用精确度为 0.001 以上的电子天平称取 2 份试品,每份 5 克,放入恒温样品盒内,置于 115℃烘箱中,5 分钟后烘箱温度稳定在 105℃±2℃范围内,烘 5 小时取出。称重后计算出水分含量。

$$金银花种子的含水量(\%) = 100\% \times \frac{供试样品烘前重量(克) - 供试样品烘后重量(克)}{供试样品烘前重量(克)}$$

(二)无性繁殖的品种选择

金银花无性繁殖可采用 3 种方法,扦插繁殖、压条繁殖和分株繁殖,其中以扦插繁殖为主。

1. 扦插育苗 春、夏、秋 3 季均可进行金银花扦插,但夏季扦插育苗为最佳。其中春季扦插多在 3 月初至 3 月中旬进行。所用扦插枝条应选择药典规定的几个品种,以及当地环境、海拔适宜的优良母株的 1 年生枝条,直径为 0.5～0.8 厘米,无病虫害,半木质化且生长健壮的新梢。

(1)春季扦插 扦插苗木截成 15～20 厘米长作插穗,其上保留 3～4 对以上的腋芽,每 100 根为 1 捆,用湿沙贮藏,以保持插条的新鲜。据研究,春季金银花插条在扦插 3 周时,插条开始生根发芽。萌芽后要加强管理,除草、追肥和适时浇水,当年扦插苗可以长至 60～70 厘米,翌年春天就可以起苗定植。

(2)夏季扦插 多在采花后的雨季进行,选取生长健壮的当年生枝条,截成 15 厘米长的插穗,去掉下部叶片,保留上部 1～2 片叶片,每 100 枝扎成捆,枝条基部放入 50 毫升/升的 NAA＋IBA 混合激素溶液中浸泡 12 小时后扦插,同时加强扦插后的管理,如遮荫、保湿等,14 天后开始生根萌芽,成活率达 90% 以上(表 2-2)。

表 2-2 金银花插条不同处理下的生根情况及成活率

激　素	激素浓度 (毫升/升)	处理时间 (小时)	成活率 (%)	根　数 (条/根)	根　长 (厘米)	高　度 (厘米)
NAA	100	12	82.6	26.2	14.3	51.6
IBA	100	12	86.1	29.4	16.7	52.3
KAA	100	12	82.5	28.5	15.4	50.7
ABT	100	12	87.2	32.6	13.2	53.4
NAA+IBA	50+50	12	93.3	35.4	14.7	50.8
CK	清水	12	66.3	10.4	8.3	41.4

(3)激素处理　当年秋季扦插多选择在 9 月初进行。金银花枝条扦插成活率均在 80%以上,单株平均高度 50 厘米以上,适宜翌年春季定植栽培。而秋季扦插多选择在 9 月初进行,方法同上。

扦插育苗要注意以下几个方面:一是扦插所用的插条最好用当年生,直径在 0.5～0.8 厘米,过于细小的插条扦插的后期营养供给不够,不容易成活;而用老龄的插条,由于木质化程度过高,难于生根。二是扦插苗期的管理尤为重要,注意遮荫和保湿,适当运用激素组合 NAA 50 毫升/升+IBA 50毫升/升进行浸泡处理,生根成活率会更高。

2. 压条繁殖　金银花为藤本或小灌木,枝条生长快且多,自然下垂。所以,可以进行压条繁殖。具体方法,于每年的 4～5 月份,选择长势、品质均好的母株,在其基部选 1 年生健壮的枝条,长度 30～80 厘米、直径 0.3～0.5 厘米的藤条,将其慢慢压入土中,在入土处用刀将皮划伤。然后用枝杈固定,覆盖细肥土,在其划伤的地方便能生根成苗,当年冬季至翌年春天,可以截离母体,带根挖取幼苗,进行定植。

3. 分株繁殖 金银花容易生根分蘖,栽后翌年植株周围都能萌发根蘖苗。一般于春季结合施肥时断根,在断根愈伤组织处生长出根蘖苗,于夏、秋季的雨天,把幼苗刨出移栽。但这种繁殖方法,繁殖系数较低。

第三章 金银花标准化生产的栽培技术

一、金银花的生态环境特点

金银花属温带及亚热带树种,适应性较强,生长快,寿命长,其生理特点是更新性强,老枝衰退新枝很快形成。金银花的根系极发达,细根很多,生根能力强。根系以4月上旬至8月下旬生长最快,一般气温不低于5℃均可发芽,适宜生长温度为20℃~30℃,但花芽分化适温为15℃,金银花喜温暖湿润、阳光充足、通风良好的环境,喜长日照。生长旺盛的金银花在10℃左右的气温条件下仍有一部分叶片保持青绿色,但35℃以上的高温对其生长有一定影响。金银花适应性强,能耐热、耐旱、耐盐碱,尤其耐寒,对气候、土壤要求不严格。因此,金银花可正常生长在海拔2 000米以下的丘陵、山谷、林边、路旁、山坡灌丛或疏林中;亦能在山地棕壤或黄棕壤、沙壤土、壤土、黏土和石碴土,pH值5.5~7.8的土壤中生长。

二、金银花的形态特征

(一)植物的形态特征

金银花为半常绿木质缠绕藤本灌木,枝茎长可达9米,老茎木质,幼枝草质,茎细多分枝,左缠,茎中空,老枝外皮浅紫色,新枝深紫红色,密生短柔毛。单叶对生,叶片卵形至长卵形,两面被短毛,先端钝或急尖乃至渐尖,并有小短尖,基部圆形乃至近心形,全缘,嫩叶有短柔毛,下面灰绿色。叶片全绿纸质,凌冬不落,故有忍冬之称。花对生,生于叶腋,呈筒状,花冠白色,后转黄色,故有"金银花"之称。

(二)花的形态特征

花筒状,两性花,成对着生于叶腋或枝顶的花序上,初开时白色,花长 5.7～6.2 厘米,上部直径 3 毫米,下部直径约 1.5 毫米,子房下位,雄蕊 5 枚,雌蕊 1 枚。雄、雌蕊均高出花冠。花冠唇形,由白色后转黄色,长 3～3.5 厘米,筒略短于唇瓣,外面密被倒柔毛和开展的短腺毛,分为两唇共 5 瓣,上唇 4 瓣,下唇 1 瓣,花瓣顶端钝圆形。每个花序有苞片 2 枚,苞片长 5～6 毫米,密被有柔毛,小苞片近圆形或条状披针形,长为萼筒的 1/2 或略长。

中国药科大学濮祖茂等对金银花花部形态进行了系统研究。结果表明,不同种的金银花花部的形态均有差别,其形态特征与地理分布具有一定的相关性。

三、金银花的生物学特性

(一)金银花生长发育物候期

根据对金银花植株的生长发育周期观察,扦插繁殖的植株,一般扦插后第二年开始开花,第三年开始即可形成商品。在整个开花过程中,首先从花枝上第一花枝节(一般是第四节位开始)开花,每间隔 1～2 天可依次向上一节出现新花。采收后剪去老枝,可刺激新梢生长,促进开花,提高产量与质量。

从萌芽开始至翌年萌芽前为年生长周期,可划分为萌芽期、春梢生长期、春花期(第一茬花)、夏初新梢生长期、夏初花期(第二茬花)、夏末新梢生长期、夏末花期(第三茬花)、秋梢生长期、秋花期(第四茬花)、冬前与越冬期等 10 个生长期(表 3-1)。

表 3-1　金银花年生长周期的划分

生长期	起始时间	持续天数(天)	日平均气温(℃)	特　点
萌芽期	2 月中旬	28～30	＞3	腋芽开始分化
春梢生长期	3 月中旬至 4 月下旬	45～48	＞6	枝条伸长并迅速生长,形成花枝及一级枝现蕾
春花期(第一茬花)	5 月初至 5 月下旬	28～32	20	一级枝上花蕾逐次生长发育,至大白期采收
夏初新梢生长期	6 月初至 6 月中旬	16～20	24	修剪春梢后,二级枝迅速生长,现蕾
夏初花期(第二茬花)	6 月下旬至 7 月初	10～12	26	二级枝上花蕾逐次生长发育,至大白期采收
夏末新梢生长期	7 月上旬至 7 月中旬	18～20	27	修剪夏梢后,三级枝迅速生长,现蕾

生长期	起始时间	持续天数（天）	日平均气温（℃）	特　点
夏末花期（第三茬花）	7 月下旬至 8 月上旬	12～15	26	三级枝上花蕾逐次生长发育，至大白期采收
秋梢生长期	8 月上旬至 8 月下旬	18～20	25	剪去夏末梢后四级枝迅速生长，现蕾
秋花期（第四茬花）	8 月下旬至 10 月下旬	42～50	24～12	四级枝花蕾逐次生长发育，至大白期采收。此后不再形成新枝，为贮存营养回流期
冬前与越冬期	10 月下旬至翌年 2 月初	118～120	6～<3	霜降后，进行冬前整形，以减少养分消耗

（二）金银花生长发育习性

1. 金银花植株的生长习性　当日平均气温达到 4℃ 以上时，金银花开始萌芽，此后随温度回升，光合有效辐射（PAR）及日照时数的增加，新梢进入旺长和花芽分化。进入 5 月中旬，日平均气温达 22.98℃、日照时数 6.94 小时进入第一茬花期。此后经历近 4 个月的花期至 9 月中旬以后，由于气温降低，不再抽新梢及形成花芽。12 月初随着气温降至 0℃ 以下，开始进入越冬期，直至翌年 2 月中旬重新萌发新枝，进入下 1 个生长季。

2. 金银花根生长习性 金银花根系发达,细根多,生根力强。主要根系分布在 10～25 厘米深的表土层,须根则多在 5～40 厘米的表土层中生长。根以 4 月上旬至 8 月下旬生长最快。根木质绳状,粗长,老根近黄褐色,幼根颜色较淡,呈乳白色或乳黄色,根毛密集,网状,近根尖端较多。根从地表至土层越长越深,且与植株生长年限有关。金银花在营养生长阶段,单株根数、根长、根粗都与植株生长发育时间长短有关。营养生长期生长时间愈长,根愈长亦愈粗。

3. 金银花茎生长习性 金银花的茎在自然状态下可生长到 2～4 米,藤左缠。嫩枝绿色,中空,密被柔毛;木质化枝条淡红褐色或灰褐色,柔毛褪尽、无毛;多年生老枝灰褐色,随着枝条木质化程度提高,枝条髓腔逐渐变小,最后接近消失。主干直立性较强,生长旺盛、分枝多、角度较开张,树冠上部的枝条有轻度的缠绕性和一定的"自剪性"。

4. 金银花花的生长习性

(1)花芽分化 根据金银花一年中萌发新枝的时间,可把忍冬新枝分为 4 级,每级花芽分化对应 1 次花期,花芽分化适温为 15℃。以新生枝开始萌发作为忍冬花芽分化起始时间,通过徐迎春等研究,结果表明,一级分枝,以长、中枝的比例大,有花的节位较多(长枝＞10 节;中枝 6～9 节),因此花蕾的数量高于后几茬花。其后 3 茬花枝以短枝、顶花短枝为主,有花的节位少(短枝 3～5 节;顶花短枝 2～4 节),花蕾数量低。其后的几茬花枝均为次 1 级分枝,见表 3-2。

表 3-2　金银花不同分枝及花芽分化特点

项　目	一级花枝	二级花枝	三级花枝	四级花枝
花　期	春花期	夏初花期	夏末花期	秋花期
花芽分化历时(天)	84	39	37	37
长枝比例(%)	45	11	6	8
中枝比例(%)	16	26	20	23
短枝比例(%)	15	28	32	37
顶花短枝比例(%)	14	35	42	32

注:长枝,>80厘米;中枝,40~80厘米;短枝,<40厘米;顶花短枝为顶端着生的一簇花,花枝不伸长

(2)金银花的开花习性　忍冬只在当季抽生的新枝上成花,根据忍冬的生长发育特点将一年中花的开花时间分为4个时期(表3-3):第一茬花期(春花期)、第二茬花期(夏初花期)、第三茬花期(夏末花期)、第四茬花期(秋花期)。每茬花期对应1级分枝。各茬花期可分为萌芽期、现蕾期、三青期、幼果期、果实成熟期5个时期。

表 3-3　各茬花期的开花习性与物候时间　(月/日)

项　目	萌芽期	现蕾期	三青期	幼果期	果实成熟期
一 茬 花	2/3	4/7	4/30	6/27	9月下旬
二 茬 花	5/18	6/13	6/27	7/15	10月中旬
三 茬 花	6/25	7/9	7/20	8/9	11月中旬
四 茬 花	8/2	8/15	8/24	10/20	不能成熟

不同花期其产量和质量具有较大的差别,据研究,忍冬第一茬花的产量最高,约占全年产量的56.94%,以后各茬花的

产量逐渐降低,第二茬花产量占总产量的 28.12%,为一茬花产量的 49.39%,三、四茬花产量显著降低,仅分别为总产量的 8.39% 和 6.51%。各茬花期的花蕾质量也存在显著差异,第一茬花的绿原酸含量最高,第二和第三茬花差别不明显,第四茬花最低。以蕾重计,千蕾重以第四茬花的较低,但不是一年内最低的,比第二、第三茬花还要高(表 3-4)。

表 3-4 金银花不同花期的产量与质量

项　目	一茬花	二茬花	三茬花	四茬花
单株产量(克)	495.62	245.29	73.03	56.66
占单株总产(%)	56.94	28.12	8.39	6.51
千蕾重(克)	17.15	12.40	13.60	13.85
绿原酸(%)	6.59	6.78	5.26	5.81

四、金银花标准化生产对产地环境质量要求

(一)标准化生产基地的环境条件

金银花标准化生产基地应选择在生态环境良好、远离污染源(基地周边 5 千米内无矿山、企业、医院等)并且有持续生产能力的区域,其空气质量、灌溉水质量和土壤环境质量必须符合中药材无公害生产的环境标准。

1. 大气中的污染物质及其危害性　大气污染物包括总悬浮颗粒物、可吸入颗粒物、二氧化硫、氟化物、氮氧化物、一氧化碳和臭氧等。在我国,目前主要的大气污染物是总悬浮颗粒物、可吸入颗粒物、二氧化硫、氟化物和氮氧化物等。这些

污染物不仅直接危害植物、影响植物的生长发育,而且有些污染物可以积累在植物体内,人们食用后会导致慢性中毒,严重危害人们的健康。

(1)总悬浮颗粒物　是指悬浮在空气中的烟尘和工厂向大气排出的极细小的金属颗粒。总悬浮颗粒物含量的多少是衡量空气质量的一个重要指标。总悬浮颗粒物在金银花植株上会在嫩叶和花上产生污斑,影响光合作用、呼吸、蒸腾等生理活动,降低金银花的质量和商品价值。

(2)二氧化硫　是含硫的石油、焦油和煤等燃烧时产生的一种有害气体,在大气中普遍存在。二氧化硫对植物的影响极大。它可以通过叶片的气孔进入叶片组织,破坏叶绿素,影响光合作用。如果空气中的二氧化硫的浓度增高,还会导致酸雨形成,对植物的危害极大。

(3)氮氧化物　多指空气中主要以一氧化氮和二氧化氮的形式存在的氮的氧化物。其中二氧化氮对植物的危害极大。

(4)氟化物　系指以气态氟形式存在的无机氟化物,包括氟化氢、氟化硅、氟化钙及氟气。氟化物主要来自于磷肥、冶金、玻璃、搪瓷、塑料、砖瓦等生产工厂以及煤为主要能源的工厂排放出的废气。氟化物通过叶片上的气孔进入植物体内并溶入汁液中,随植物体内的水分流向各个部分。当植物体内的氟化物达到一定浓度后,便开始影响植物的营养生长,降低金银花的开花率。

2. 土壤和灌溉水中的污染物及其危害性　土壤和灌溉水中的污染物主要有:农药、重金属、化肥和塑料薄膜。其中农药所含重金属易在植物体内积累,人们食用后易导致中毒。

(1)农药污染及其危害　由于农药施用量一直在不断

增长,土壤中农药残留量也不断增加。农药污染环境及危害人们健康的问题目前已经非常严重。有些农药在土壤中的残留期限很长,如六六六已禁用多年,但目前在我国的大多数地区的土壤中还可普遍检出。农药对人体的毒害分为急性中毒和慢性中毒 2 种。急性中毒是指人们接触农药或误食被农药严重污染的食物后,很快出现头痛、头晕、恶心、呕吐、腹泻、呼吸困难、昏迷等症状,甚至死亡。慢性中毒是指人们从环境或食物中摄入微量的残留农药,在人体内积累到一定数量后出现症状的中毒现象。虽然慢性中毒不直接导致人体死亡,但是对人的健康伤害也是严重的,而且受害人数较多。

(2)化肥污染及其危害　由于化肥的不合理施用,尤其是氮肥的过量施用,对环境的负面效应已经十分突出,较严重的地区已经造成公害。氮肥施用过多会导致土壤中亚硝酸盐浓度的增高,对人体危害极大。我国较多地区的土壤中并不缺磷,个别地区还存在富磷化。磷肥过多会影响植物对铁、锌的吸收,而且劣质磷肥中通常含有大量有害重金属。过多的氮肥和磷肥会流入江河湖泊,导致水体富营养化及地下水资源受到污染。

(3)重金属污染及其危害　重金属污染主要来自于金属矿山企业、金属冶炼厂、化工厂、造纸厂、电镀厂、印染厂、农药厂等。目前,我国重金属污染和灌溉水的质量问题十分突出。重金属对人们的危害极大,如铬中毒会导致人体的肾脏和肺脏等器官受损;砷中毒会导致腹痛、恶心、肝肿大等症状,并可导致皮肤癌和肺癌的发生;汞中毒会导致人体的神经系统受损。由于重金属在人体内的半衰期较长,如铬的半衰期达 20 年以上。所以,重金属中毒的共同特征是中毒后的发病时间长,病情发展缓慢。

（4）**塑料污染及其危害**　废旧塑料在土壤中难于分解,并会阻碍植物根系的生长发育和土壤中水肥的流动。塑料中的邻苯二甲酯类的增塑剂具有极强的毒性,它能通过多种途径进入环境,污染食物,食用后会对人体造成伤害。

3. 环境条件标准化

（1）**大气环境条件**　在金银花种植区域内,如果大气中二氧化硫、氮氧化物、总悬浮颗粒物及氟等有害物质含量过高,被金银花吸收积累,不仅影响生长发育,更严重的是影响产品质量,在选择金银花用地时要远离城市和工业污染区,远离主要公路干线,选择空气清新的区域。必须保证空气环境质量符合国家《GB 3095—1996 环境空气质量标准》中的二级标准（表 3-5）。

表 3-5　空气环境各项污染物的浓度限值

污染物名称	取值时间	浓度限值			浓度单位
		一级标准	二级标准	三级标准	
二氧化硫（SO_2）	年平均	0.02	0.06	0.10	毫克/米^3（标准状态）
	日平均	0.05	0.15	0.25	
	1 小时平均	0.15	0.50	0.70	
总悬浮颗粒物（TSP）	年平均	0.08	0.20	0.30	
	日平均	0.12	0.30	0.50	
可吸入颗粒物（P 米^3）	年平均	0.04	0.10	0.15	
	日平均	0.05	0.15	0.25	

污染物名称	取值时间	浓度限值			浓度单位
		一级标准	二级标准	三级标准	
氮氧化物（NOx）	年平均	0.05	0.05	0.10	毫克/米³（标准状态）
	日平均	0.10	0.10	0.15	
	1 小时平均	0.15	0.15	0.30	
二氧化氮（NO2）	年平均	0.04	0.04	0.08	
	日平均	0.08	0.08	0.12	
	1 小时平均	0.12	0.12	0.24	
一氧化碳（CO）	日平均	4.00	4.00	6.00	
	1 小时平均	10.00	10.00	20.00	
臭氧（O3）	1 小时平均	0.12	0.16	0.20	
铅（Pb）	季平均	1.50			
	年平均	1.00			
苯并[a]芘 B[a]P	日平均	0.01			
	日平均	7(1)			
	1 小时平均	20(1)			
氟化物（F）	月平均植物	1.8(2)	3.0(3)		微克/（分米²·天）
	生长季平均	1.2(2)	2.0(3)		

注："(1)"适用于城市地区　"(2)"适用于畜牧区和以牧业为主的半农半牧区　"(3)"适用于农业和林业区

（2）土壤环境条件　金银花对土壤要求不严格，很多土壤，无论沙质土、黏土、壤土、沙砾土、夹沙土等都能种植，但是选择的土壤必须是无污染、无农药残留及无过量的重金属积累的区域。因此，选好地后应采取土样送有关部门进行检测分析。土壤环境质量应符合国家《GB 5618—1995 土壤环境质量标准》中的二级标准(表3-6)。

表3-6 土壤环境质量标准值 (单位:毫克/千克)

项 目		级 别				
		一 级	二 级		三 级	
土壤 pH 值		自然背景	pH 值<6.5	pH 值 6.5~7.5	pH 值>7.5	pH 值>8.5
镉≤		0.20	0.30	0.30	0.60	1.00
汞≤		0.15	0.30	0.50	1.0	1.50
砷	水田≤	15	30	25	20	30
	旱地≤	15	40	30	25	40
铜	农田等≤	35	50	100	100	400
	果园≤	—	150	200	200	400
铅≤		35	250	300	350	500
铬	水田≤	90	250	300	350	400
	旱地≤	90	150	200	250	300
锌≤		100	200	250	300	500
镍≤		40	40	50	60	200
六六六≤		0.05	0.50	0.50	0.50	1.0
滴滴涕≤		0.05	0.50	0.50	0.50	1.0

注:(1)重金属(铬主要是三价)和砷均按元素量计,适用于阳离子交换量>
    5 毫摩(+)/千克的土壤,若≤5 毫摩(+)/千克,其标准值为表内数值
    的半数
   (2)六六六为 4 种异构体总量,滴滴涕为 4 种衍生物总量
   (3)水旱轮作地的土壤环境质量标准,砷采用水田值,铬采用旱地值

(3)水质环境条件 植物所需的水分主要为土壤中的水
分。土壤中的水分在一定的条件下也受到污染,或施用高毒、
高残留农药渗透溶解于土壤水分中,在作物生长发育过程中,

当遇到天气干旱、土壤中水分不足时,需要进行人工浇灌来补充土壤水分的不足,但是这些水分的来源一定不能受到污染。无论是土壤中的水分受污染,还是浇灌用水受污染,均会影响金银花药材的质量,甚至导致金银花药材农药残留和重金属含量超标而不能作为药用。因此,种植金银花对水质环境条件要求更严格。在选择基地时要注重水质环境,灌溉用水、施药追肥用水必须符合国家《GB 5048—1992 农田灌溉水质标准》(表 3-7)。

表 3-7　农田灌溉水质标准　(单位:毫克/升)

序号	项目		水作	旱作	蔬菜
1	生化需氧量（BOD$_5$）	≤	80	150	80
2	化学需氧量（COD$_{cr}$）	≤	200	300	150
3	悬浮物	≤	150	200	100
4	阴离子表面活性剂（LAS）	≤	5.0	8.0	5.0
5	凯氏氮	≤	12	30	30
6	总磷（以 P 计）	≤	5.0	10	10
7	水温（℃）	≤	35		
8	pH 值	≤	5.5～8.5		
9	全盐量	≤	1000（非盐碱土地区）2000（盐碱土地区）有条件的地区可以适当放宽		
10	氯化物	≤	250		
11	硫化物	≤	1.0		
12	总汞	≤	0.001		

序 号	项 目		水 作	旱 作	蔬 菜
13	总镉	≤	0.005		
14	总砷	≤	0.05	0.1	0.05
15	铬(六价)	≤	0.1		
16	总铅	≤	0.1		
17	总铜	≤	1.0		
18	总锌	≤	2.0		
19	总硒	≤	0.02		
20	氟化物	≤	2.0(高氟区)	3.0(一般地区)	
21	氰化物	≤	0.5		
22	石油类	≤	5.0	10	1.0
23	挥发酚	≤	1.0		
24	苯	≤	2.5		
25	三氯乙醛	≤	1.0	0.5	0.5
26	丙烯醛	≤	0.5		
27	硼	≤	1.0（对硼敏感作物,如马铃薯、笋瓜、韭菜、洋葱、柑橘等） 2.0（对硼耐受性较强的作物,如小麦、玉米、青椒、小白菜、葱等） 3.0（对硼耐受性强的作物,如水稻、萝卜、油菜、甘蓝等）		
28	粪大肠菌群数,个/升	≤	10000		
29	蛔虫卵数,个/升	≤	2		

(二)标准化生产基地的生态条件

1. 金银花适生的立地条件 金银花适应性强,对土壤要求不严格,能耐旱,正常生长在海拔 2 000 米以下的丘陵、山谷、林边、路旁、山坡灌丛或疏林中;亦能在山地棕壤或黄棕壤、沙壤土、壤土、黏土和石碴土中生长。但金银花的生长发育及产量与土层厚度、坡向、坡度、坡位等 4 种立地因素有显著的相关性。因此,选择金银花种植基地,应对上述 4 种因素做全面考察(从表 3-8 至表 3-11)。

表 3-8 不同土层厚度金银花生长开花的比较

土壤厚度 (厘米)	新枝长 (厘米)	叶重 (克/10 叶)	开花数量 (朵/株)	花蕾质量 (克/10 朵)	产量 (克/株)
5～15	44.5	1.099	20.7	0.67	1.91
16～30	83.7	1.302	52.3	0.70	2.92
31～60	102.8	1.685	74.4	0.71	4.15
61～100	124.9	1.802	81.8	0.73	5.90
100 以上	128.3	1.808	82.5	0.73	5.92

从表 3-8 看出,不同土层厚度对金银花生长开花均有一定影响,土层厚的金银花新枝生长量、叶重、开花数量、花蕾质量、花产量等相应地均高于土层薄的。以土层 60 厘米以上的最好,31～60 厘米次之,16～30 厘米较差,15 厘米以下土层的金银花生长开花最差。这是因为土层厚,土壤湿润肥沃,根系发达,生长旺盛,开花多的缘故。

表 3-9　不同坡向金银花生长开花的比较

坡　　向	新枝长 (厘米)	叶　重 (克/10 叶)	开花数量 (朵/株)	花蕾质量 (克/10 朵)	产　量 (克/株)
东　南	122.7	1.794	79.8	0.72	5.82
西　北	92.4	1.408	51.4	0.70	3.93
南	129.8	1.815	81.3	0.73	5.91
北	89.5	1.365	49.9	0.69	3.75

从表 3-9 看出,不同坡向对金银花生长开花亦有着明显的影响,坡向南或东南的阳坡或半阳坡,光照条件好,有利于金银花光合作用的进行,故生长旺盛、开花数量多、花蕾质量好、花产量高;北坡或西北坡的金银花,因光照不足,光合作用弱,生长慢,枝细长,叶小,开花少,产量低。在其他条件相同的情况下,阳坡或半阳坡的金银花其新枝生长量和开花量均高于阴坡。

表 3-10　不同坡度金银花生长开花的比较

坡　　度	新枝长 (厘米)	叶　重 (克/10 叶)	开花数量 (朵/株)	花蕾质量 (克/10 朵)	产　量 (克/株)
5°～15°	131.6	1.807	80.5	0.73	5.90
16°～30°	118.4	1.692	69.7	0.72	4.05
31°以上	76.2	1.385	50.8	0.68	2.89

从表 3-10 看出,不同坡度对金银花生长开花也有明显影响,生长在 5°～15°为最好,其新枝生长量大、叶重、开花多、花蕾质量好、花产量高,16°～30°次之,31°以上的陡坡地最差。这是因为陡坡地一般比较瘠薄、干旱,加上深挖垦复不当,水

土流失严重,金银花根系浅而小,生长发育差,树冠小,花蕾质量差,花产量低;缓坡则土层深厚肥沃,保水、保土、保肥,根系深广,生长发育好,树冠大,花蕾质量好,花产量高。

表 3-11　不同坡位金银花生长开花的比较

坡　位	新枝长(厘米)	叶　重(克/10叶)	开花数量(朵/株)	花蕾质量(克/10朵)	产　量(克/株)
上　部	78.3	1.295	38.7	0.69	2.93
中　部	92.1	1.406	56.8	0.70	3.87
下　部	124.5	1.803	80.9	0.72	5.87
沟　底	127.4	1.804	81.3	0.73	5.89

从表 3-11 看出,不同坡位对金银花生长开花有着很大影响,在同样生长条件下,坡下部或沟底的新枝生长量、叶重、开花数量、花质量、产量均高于坡上部和中部。这是由于坡下部或沟底土层比较深厚肥沃湿润,根系发达,生长旺盛发育好,开花多,花产量高的缘故。

2. 温度　金银花是喜温耐寒的中药材品种,生态适应性较强,在 11℃～25℃的气温条件下都能生长,要求年平均气温 11℃～14℃,适宜生长温度 15℃～25℃,气温高于 35℃或低于 4℃生长受到影响,低于 -20℃根部冻死。播种期(4月上旬)平均气温 12℃～15℃有利于种子出苗。枝条扦插期(7月下旬至 8月上旬)选无病枝条 30厘米长左右,每坑 4～5根,日平均气温≥24℃切口愈合好生根快,全生育期≥0℃积温 4 300℃,无霜期 185天。

通过大量的试验研究,结果表明,日平均气温≥3℃、5℃、16℃、20℃等界限温度是金银花生长发育过程中几个重要的气候特征界限温度;并对四川盆地划分了金银花不同的生态适应期,见表3-12。

表3-12　金银花气候生态适应性区划指标

指标因子	最适区	适宜区	次适宜区	不适宜区
年平均气温(℃)	13~15	15~16,12~13	11~12,16~17	<11,>17
≤3℃(天)	10~20	20~25,5~10	25~30	<5,>30
≥16℃(天)	160~180	150~160,180~190	190~200,140~150	<140,>200
20℃~30℃(天)	110~125	100~110,125~135	90~100,135~145	<90,>145
5月份平均气温(℃)	19~21	18~19,21~22	17~18,>22	<17

3. 湿度　金银花是喜湿润的藤本植物,耐旱、耐涝。要求生长在年降水量750~800毫米,空气相对湿度60%~75%,>80%或<60%生长受到影响。播种(10天)降水量>25毫米才能正常出苗,扦插期降水量35~45毫米,空气相对湿度70%~75%为宜。开花期(5月下旬)降水量在20毫米左右最好(金银花每茬花期相隔1个月左右,每年可开1~4茬),花期雨水过多,容易灌花,形成哑叭花萎缩,如降水少易旱花。采收时(当花蕾显绿白色将要开放时采收)应选在晴天,最好时机在清早或9时前为宜。

4. 光照　金银花为喜光植物,光照条件对其花枝的发育和金银花的产量、质量具有重要影响。有研究认为,生态环境因子中气候可能是金银花药材有效成分含量的决定因子,而日照时数又是最重要的因子。所以,光照条件充足,有利于金银花次生物质的合成,促进绿原酸等有效成分的积累,从而增加其药用价值,提高其经济效益和社会效益。

为了了解金银花种植的环境条件,现将河南新密金银花地道产区的光照条件,摘录如下,见表 3-13。

表 3-13 河南新密金银花地道产区光照条件

(1998 年至 2000 年逐月光照时数) (单位:小时)

月份	1	2	3	4	5	6	7	8	9	10	11	12	合计
1998年	131.4	140.7	151.9	174.5	173.2	261.9	175.1	169.1	238.6	177.1	188.7	152.1	2134.3
1999年	184.6	183.8	144.4	215.8	237.9	197.7	223.0	235.0	173.7	137.7	189.7	206.9	2329.6
2000年	94.2	154.9	248.0	257.0	251.1	203.0	177.6	174.8	163.9	112.5	127.5	116.9	2081.4

5. 地理条件 在我国南北各地、山区、平原、丘陵均能栽培。金银花适应性较强,耐寒,耐旱,耐瘠薄。适宜土质疏松,土层深厚,肥沃的中性土,微酸或微碱性土,透气排灌性能良好的沙土、沙质壤土种植。生长适温为 15℃～25℃,低于5℃或高于 32℃均可生长,长势稍差。年降水量 1 000～1 200毫米,空气相对湿度 70%～80%,石灰岩地区以黑色石灰土和黄色石灰土混杂的土壤环境状况下,植株生长发育茂盛、健壮,花产量高,品质好。

6. 土壤 金银花对土壤要求也不严格,但以土质疏松、肥沃、排水良好的沙质壤土为好,在土壤 pH 值为 6.2～7.6的沙壤土、轻壤土、中壤土和褐色森林土上生长良好。尤以深厚、肥沃、湿润的褐色森林土和沙壤土上生长最好。

通过对各个金银花地道产区的土壤养分进行了分析,结果表明,各个产区生态条件具有相似性,见表 3-14。

表 3-14   5 个金银花产地的土壤养分分析

项 目	有机质 (%)	N (毫克/千克)	P (毫克/千克)	K (毫克/千克)
江 苏	2.10	33.90	9.32	74.60
河南新密	1.48	32.10	10.56	118.00
河南封丘	1.43	29.00	28.99	134.40
山东日照	1.50	34.70	7.52	46.40
山东平邑	0.87	25.50	9.25	29.40

7. 合适的栽培区   从地理位置、土壤类型、气候区域等来看,金银花传统地道产区河南和山东具有很多共性:主产地位于同一纬度带,即北纬 34°～36°,东经 113°～120°;属于同一个土壤区域,即暖温带——华北干旱森林、森林草原和草原土壤地区——干旱森林和森林草原褐土地带;属于同一气候区域,南温带亚湿润鲁淮区。

8. 栽培地的选择   栽植和发展金银花产业时,应选在背风向阳,坡度较缓的山坡,土壤以微酸性至中性的沙质壤土最好,壤土次之,黏土较差,不宜栽种在石碛土上。即应以沙壤土、土层厚度 60 厘米以上、坡度平缓且不超过 15°、阳坡或半阳坡为最适合的生态环境组合。

经对金银花生态条件的研究表明,不同土壤对金银花生长和开花均有影响。生长在沙壤土上的金银花生长好,根系发达,单株开花数量多,花蕾质量、产量也高。其次是壤土,在黏土上也能生长,但开花少,质量差,石碴土上生长开花最差,见表3-15。

表3-15 不同土壤类型金银花生长开花的比较

土壤类型	新枝长 (厘米)	叶 重 (克/10叶)	开花数量 (朵/株)	花蕾质量 (克/10朵)	产 量 (克/株)
沙壤土	125.8	1.805	79.8	0.73	5.85
壤 土	101.4	1.514	56.9	0.72	4.13
黏 土	86.7	1.385	36.4	0.71	2.85
石碴土	52.1	1.102	25.5	0.68	1.95

五、金银花标准化生产的播种与育苗

(一)播前准备

1. 选地与整地标准化

(1)金银花种子育苗圃的选地与整地

①苗圃地的选择 育苗地是否符合要求,是育苗成败的关键,为了便于管理和满足插穗生根、苗木快速生长的需要,应选择地势平坦、土壤肥沃、排灌方便的沙质壤土或壤土地作苗圃,近几年更新过的金银花园、果园及其他林地均不宜作苗圃。

②整地 苗圃地耕翻前3～5天浇1次透水,然后每667米² 施入腐熟有机肥3 000～4 000千克,磷肥50千克,硫酸亚

铁5千克,耕地深度25厘米,随耕随耙,耙后做成2～3米宽的畦,畦长20～30米,或视地势平整情况增减。

(2)金银花扦插繁育地的选择与整地

①温室扦插苗床　在日光温室内挖深0.3米、宽1.2米、长6米的苗床,整平。布地热线,间距为15厘米。底层铺10厘米厚的河沙,再铺15厘米厚蛭石：河沙：腐土＝1：1：1的基质,将苗床浇透,喷施75%达克宁可湿性粉剂0.3%稀释液。搭拱棚,温室内可常年扦插育苗,高温季节覆盖遮阳网。

②大田扦插苗床　选择土质疏松、肥沃、排水良好的沙质壤土和灌溉方便的作为育苗地。在育苗前1年的7～8月份,对育苗地进行深翻,捡除石、砾,铲除草根等杂物。通过整地能使土壤充分风化、熟化,特别是翻入土中的杂草,经过夏天的高温处理,能够充分腐烂、分解,提高土壤肥力。在入冬前施农家肥3 000千克/667米²,深翻30厘米以上,将床土深翻刨松,土、肥翻匀、耙细,做成宽1.5米的高畦苗床,搭塑料薄膜拱棚。

2. 种子采集与贮藏标准化　9～10月份采收黑色浆果或接近成熟的果实,连同小果枝一起剪回,堆积或装入盆内后熟。后熟过程中,注意保持一定湿度,约1周后,果皮完全变黑,将果实搓烂,于清水中洗去果肉,漂去果皮,选饱满种子,掺上5～10倍的干净河沙,其湿度以手握成团不滴水、松手略散开为宜,湿度过大易造成烂种,不能让种子干燥,干种子多不发芽。如果收种较晚,可于果实搓皮后,将种子摊开,晾干水分后及时播种。鲜果实的种子率为8%左右,种子千粒重4.43～5.43克。冬季沙藏时间要适宜,过长过短均影响出苗后的成活率(见表2-1)。

3. 种子播前处理标准化　翌年4月上中旬将种子放在

35℃～40℃的温水中浸泡24小时,取出拌2～3倍湿沙(含水率60%)置于温暖处催芽约2周,待种子有30%裂口时即可播种。种子发芽前,如在冰箱中置80天,发芽率可达80%左右。可见低温处理可促进种子萌发。因而,冬天贮藏种子,有利于金银花种子的发芽。金银花种子放恒温箱内发芽不好,25℃恒温下发芽率为1.4%,发芽所需天数为21天,在25℃恒温暗处理下发芽率为0,而在变温暗处理下发芽率较高。

根据对不同种源金银花发芽试验的结果表明:麻江种源在恒温25℃、光照8小时的条件下发芽率为7%,发芽所需时间为35天;在变温15℃～25℃、光照8小时的条件下发芽率为88.9%,发芽所需时间为37天。花溪种源在恒温25℃、光照8天的条件下发芽率为3%,发芽所需时间为35天;在变温15℃～25℃、光照8小时的条件下发芽率为82.7%,发芽所需时间为57天。可见,温度变化对种子发芽影响较大,变温相对恒温条件下有更好的发芽率。

4. 扦插繁殖扦插前处理标准化

(1)插条选取　从生长健壮无病虫害的1年生和2年生金银花枝条上剪取。穗条长30厘米,粗为2毫米和4毫米,带有至少2个节,一般2～3个节,上端保留2片叶或不留叶,枝条上端在芽的上方1～2厘米处剪成平口,下端在近节处剪成马耳形斜口,以利于生根。插条要按大小分级,并且每100根或50根扎成1捆,以便掌握育苗数量。

(2)插条的处理　为了促使插条尽快生根,生根一致,提高苗木质量,扦插前可进行激素处理,经对不同类型的金银花穗条,进行不同激素和不同浸枝时间处理的研究。结果表明,选用2年生、4毫米粗无叶穗条最为理想,枝条基部放入50毫升/升的NAA＋IBA混合激素溶液中浸泡12小时后扦插,扦插方法同春季。扦插后遮荫,并于每天早、中、晚各喷水1次,约14天后生根萌芽,成活率达90%以上(见表2-2)。激素处理的当年金银花枝条扦插成活率均在80%以上,单株平均高度50厘米以上,适宜于翌年春季定植栽培。

(二)繁殖方法

1. 种子繁殖

(1)种子播种期标准化　金银花种子萌发的最佳温度为10℃～15℃,低于10℃和高于15℃极少萌发,甚至不能萌发。在四川,11月份和翌年3月份的月平均气温均在12℃左右,正是金银花萌发的温度,故秋、春两季都可播种,秋季以11月份为宜,但春季以3月份为最好,因为金银花种子经冬藏低温后,发芽率能够得到提高。播种后1个月左右可萌发出苗,如果拌湿河沙催芽,20天左右再播种,可提早萌发出苗。

(2)播种标准化　播种时选疏松肥沃的土壤,翻挖,耙细,整平,做成15厘米高厢,幅面宽1.3米,于厢面上按3厘米左右横行距开播种沟,沟深8厘米,沟宽2.25厘米。将种子与草木灰或细土拌和均匀,撒入沟中,再盖上1～2厘米厚的拌有腐熟堆肥的细土或腐殖土,最后用塑料薄膜或草、秸秆等覆盖苗床。如果不加覆盖物,苗床水分散失,不能保证种子萌发所需的湿度,将严重影响种子萌发和成苗数量。每667米^{2}用1～1.5千克种子,可产种苗3万～4万株。

2. 无性繁殖
无性繁殖有扦插、压条、分株3种方法,其中扦插法简便,容易成活,原植株仍可开花,所以生产上使用较多。

（1）扦插繁殖

①温室扦插　温室可以控制温、湿度，因此没有时间限制，可以在任何时候进行。扦插将处理好的插条1/3斜插入温室苗床基质，株、行距5厘米×5厘米。冬季育苗采用电热温床催根法。夏季气温过高时覆盖遮阳网。

②大田扦插　扦插繁殖可于春、秋和伏期进行。春季宜在新芽萌发期；秋季9月初至10月中旬为好；伏期7月下旬至8月上旬，湿热条件好，生长速度快，切口愈合好，成活率高，为最佳繁殖期。

在整好的栽植地上，按行距150厘米×150厘米挖穴，穴直径和深度各40厘米，挖松底土，每穴施入堆肥5千克，然后将插条均匀散开，每穴插入3～5根，入土深度为插条的1/2～2/3，再填上细土，浇1次透水，春、秋季1个月左右，伏期20天左右即可生根发芽。在平整耙细的插床上，按行距15～20厘米划线，每隔3～5厘米用小棒在畦面上打孔，将插条1/2～2/3插入孔内，压实按紧，浇1次透水。

（2）压条繁殖　压条繁殖用湿度80%左右的肥泥垫底，将已开过花的藤条压入土中，保持湿润，一般2～3个月即可生出不定根，6个月后在不定根的芽眼后1厘米处剪断，让其与母株分离而独立生长，稍后便可带土移栽。一般从压藤至移栽只需8～9个月，栽种后翌年即可开花。

（3）分株繁殖　分株繁殖常于冬末春初进行，在金银花萌芽前挖开母株，将根系剪短至50厘米，地上部分截留35厘米，分割母株后即移栽。栽后翌年即可开花，但母株生长受到抑制，当年开花较少，甚至不能开花，因此一般较少应用。

六、金银花标准化生产的移栽定植

（一）移栽定植前的准备

1. 定植地的选择　　金银花的生物学特性是对生长环境适应性强，耐旱、耐寒、耐涝、耐瘠薄，对土壤要求不严。通常金银花栽培地一般是利用以下几种：①利用荒山成片开发栽培。②利用现有耕地栽培。③利用房前屋后、坎坡、沟旁溪边等零星土地栽培。如开发荒山，应注意做成梯田，梯宽约 2 米，以利于金银花根系的生长。但为了达到丰产、优质，应选择土壤疏松肥沃、排灌方便的地块种植。

2. 定植地的整地　　大田移栽地应选择靠近水源的肥沃土壤。施足基肥，每 667 米^2 地施优质鸡粪、羊粪或猪粪水 1 000 千克、磷酸氢二铵 50 千克、油渣 500 千克，深翻 $30\sim40$ 厘米。要求土壤底墒好，含水量 40% 左右，手抓成团即可。然后整平、耙细，做成南北方向的高垄。

（二）移栽定植标准化

定植时挖起种苗，分成两类，长度在 4 厘米以上的立即定植，以下者假植 1 年后再定植。苗藤长 5 厘米以上者，适当剪短后再定植。

移栽应在早春新芽萌发前或秋、冬季休眠期进行。按照 1.5 米×1.5 米的穴距，挖深 30 厘米、直径 30 厘米的圆坑，穴施充分腐熟达无害化标准的农家肥 150 克，尿素 100 克与土壤均匀混合作基肥，每穴放 1 株种苗后，用湿土埋至老根，踩实盖土，每穴浇无污染水 10 升，当水下渗后，覆土平坑。

第四章　金银花标准化生产的田间管理技术

一、育苗期管理标准化

(一)苗期管理

1. 适时间苗定苗　播种 2 周后,小苗即出土生长,当幼苗大部分出土后,选阴雨天揭去覆盖物,或逐渐疏减覆盖物。苗木生长前期较慢,要保持苗圃地一定的水分,及时除草浇水。苗高 2～3 厘米时,结合浇水追肥 1 次,并拔除生长弱的密苗、及时疏苗,植株间距 3～5 厘米。

2. 适时中耕除草　金银花栽植成活后,要及时中耕除草。中耕除草在栽植后的前 3 年必须每年进行 3～4 次,发出新叶时进行第一次,7～8 月份进行第二次,最后 1 次在秋末冬初霜冻前进行,并结合中耕培土,以免根系露出地面,3年以后可视植株的生长情况和杂草的滋生情况适当减少除草次数,每年春季 2～3 月份和秋后封冻前要进行培土。

(二)扦插苗管理

1. 苗期管理　金银花插条插入土中,其下部节生根,上部芽萌发抽枝形成新的植株,刚发芽的枝、叶细小,生命非常脆弱,土壤应保持适度的水分,表层不现白,对由于温度升高而蒸发散失的水分应及时补充,随着植株的生长,要注意浇水、排涝,以利于植株生长。

扦插盖棚后,应随时注意棚内温度、空气相对湿度的变化,插枝的生根和芽萌发都需要及时调节拱棚内温度、空气相对湿度和光照。芽萌发适宜温度为 22℃~25℃,不得超过40℃,当温度达 35℃ 时应揭开棚两头或敞开多处以利于通风换气(早、揭晚盖)。随着外界温度的升高,去掉覆膜,但要避免骄阳直接照射,可用遮阳网调节光通量以满足其生长习性对光照的要求。通过对水分、温度、空气相对湿度等调节管理,插条 7~10 天开始萌芽,10 天后便会陆续发齐。

2. 适时中耕除草 金银花栽植后要经常除草松土,使植株周围无杂草滋生,以利于生长。每年春季地面解冻后和秋季封冻前进行中耕松土除草培土。每年早春新芽萌发前、秋末冬初封冻前还应各培土 1 次。这样,可提高地温,防旱保墒,促使根系发育,多发枝条,多开花。

二、定植地管理标准化

(一)整形修剪

金银花的修剪是一项重要的增产措施,修剪得优劣直接影响到产量的高低,不同品种和花龄其修剪方法不尽相同,如果修剪得好,可提高产量 30%~40%。

1. 据株龄修剪

(1)幼龄期 一般金银花从种植至第四年为幼龄期,这个时期可重剪修整,使之定型。具体方法,定植的 1~2 年生植株,培养主干高 15~20 厘米,选留主干 4~5 个,其余枝条剪成长 15 厘米左右。经几年修剪后,干高 30~40 厘米,形成主干粗壮的矮小灌木状,使花墩呈直立伞形,通风透光好。每年冬季至萌芽前,剪去枯、老、细弱、向下长及过密的枝条,使其多发新枝条,多开花。剪枝后提高了花墩各部位的光能利用率,减少了养分的消耗,提高了单株产量。

(2)盛花期 金银花盛花期为4～20年。这个时期采用重轻剪法。即对弱枝、密枝重剪;2年生枝、强壮枝轻剪。并实行"四留四剪",就是选留背上枝、背上芽、粗壮芽、饱满芽;剪除向下枝、向下芽、纤弱枝、瘦小芽,同时将基部萌发的嫩芽抹掉,以减少养分的消耗。

(3)衰老期 金银花衰老的特征是:叶稀、色淡、多老枯枝、瘦花、枝冠瘦小萎缩。此时要枯枝全剪、病枝重剪、弱枝轻剪、壮枝不剪。

2. 根据时间修剪

(1)春剪 头茬花采收后于6月上旬进行,以主干40厘米去顶为主。

(2)夏剪 于7月下旬二茬花采收后进行,以剪掉分生营养侧枝的梢尖部,以轻剪为主。

(3)秋剪 于8月上旬三茬花采收后进行剪秋梢,以轻剪为主。

(4)冬剪 采收最后1茬花,待枝藤的养分回到主枝和根系后,于霜降后至封冻前均可进行修剪。

3. 根据修剪强度

(1)重剪 枝条剪去2/3,保留3～4对芽。

(2)轻剪 枝条剪去1/2,保留5～6对芽。

(3)打顶 枝条仅剪去顶芽。

整形剪枝是金银花高产栽培的一项重要措施,不同修剪程度和不同的修剪方式,对金银花的生长发育、产量和质量具有很大的影响(表 4-1,表 4-2)。

表 4-1   不同修剪强度对发枝数和产量的影响

项　目	新发枝数 (只)	花蕾重 (克)	单株产量 (克)
重　剪	74	19.1	2150
轻　剪	93	18.6	2265
打　顶	128	18.1	2186
不修剪	152	17.8	1910

从表 4-1 看出,重剪、轻剪、打顶 3 种方法的产量都有所增加,但以轻剪最好。经过剪枝后的花蕾重量变化不大,变化大的是发枝数和结花蓬数。重剪组长枝多,虽结蓬数增加,但发枝少。打顶组发枝多,但枝条短,结花蓬数少。而轻剪组中枝和短枝数量最多,所以增产效果最好。

表 4-2   不同修剪方式的新发枝数量与产量的比较

项　目	单株发枝数量 (只)	单株产量 (克)
冬剪重夏剪轻	1794.5	4656.2
冬剪轻夏剪重	1420.2	3445.3
不修剪	1142.5	2760.4

从表 4-2 看出,冬剪采用重剪,将 1 年产生的老弱病枝和下层的分枝剪除,提高主干高度,构建良好树形。经过冬、春的营养积累,在第一、第二茬可以获得较高产量。夏季轻剪,是通过适度修剪,使冠层结构合理,通风透光,减少老枝对营

养的消耗,从而增加新枝和花蕾,提高产量。若夏季采用重剪方式,由于修剪过重,使大部分营养供营养体的建成,长成较多的长枝,新生枝条数量不多,导致产量较少。

(二)清坡垦复

金银花是多年生灌丛植物,且枝条伸长较快,大面积栽培管理较难。但是栽培的目的是为获得较高的经济效益。因此,在定植后的大田仍然要加强管理,除修剪施肥外,还应进行清坡垦复,铲除树丛周围杂草及伴生植物以增强通风透光度。为了防止水土流失,应挖掘鱼鳞坑,进行梯度处理,从而保证金银花植株的旺盛生长。

清坡垦复,一般多于每年的冬季金银花休眠期进行 1 次松土除草或清坡垦复,以利于根系发达。同时,还应不定期进行培土,加厚根部土层,以利于金银花越冬过夏,避免根部裸露,保持土壤湿度,以促进根系及植株的正常生产。

第五章　金银花标准化生产的施肥及排灌技术

一、金银花生长需要的营养元素

概括地说,药用植物生长需要多种化学元素构成植物个体,并维持生命活动,这些元素叫营养元素。经分析表明,植物体内约有 70 多种元素。其中碳、氢、氧、磷、钾、钙、镁等元素含量较大,称为常量元素。而硼、铁、锰、钼、锌、铜等元素含量较少,称为微量元素。这些元素中,对植物正常生长发育有影响的元素就叫植物营养元素。

在植物必需的营养元素中,常量元素和微量元素含量虽然很悬殊,但是同样重要。如碳、氢、氧、氮、磷、硫等为碳水化合物、脂肪、蛋白质的核蛋白的成分,也是构成植物的基本物质;铁、锰、硼、钼、钴等是构成植物体各种酶的成分;钾、钙、氯等是维持生命活动所必需的元素,这十几种元素在植物生长发育上是同样重要的。

在植物必需的元素中,各种元素各有特殊的作用,不能相互替代。微量元素因为植物需要量少,一般土壤都能满足需要,只有少数土壤需要补充。在常量元素中,碳、氢、氧可从空气和水中取得,而所需要大量氮、磷、钾一般土壤供给能力很小,需要通过施肥来补充,方能满足金银花的正常生长发育。

二、金银花营养元素失调的诊断

(一)氮

植物体缺氮的表现为:根系比正常的色白而细长,且数量较少,或出现淡红色。地上部分的枝茎生长缓慢、瘦弱、矮小,叶绿素含量低,致使叶片变黄,或变成黄绿色,且小而薄。花和果实数量较少,种子不很饱满、充实。

(二)磷

土壤缺磷时,植物蛋白质合成受阻,细胞分裂迟缓,新细胞形成较慢。所以,植物生长较慢,分枝和分蘖减少,且植株显得矮小,叶片多易脱落。植株表现为叶色呈暗绿色或灰绿色,有时出现紫红色,严重时叶片枯死。同时,花期和果实成熟期向后推延,且籽粒不饱满。其根系易老化,多成锈色。缺磷的症状一般在金银花生长早期就能表现出来,容易诊断。

(三)钾

缺钾的主要特征是老叶或叶由绿发黄变褐,常呈焦枯烧灼状。叶片上出现褐色斑点或斑块,严重时整个叶片呈红棕色甚至干枯状,坏死脱落。根系较短而且较少,易衰老,严重时根会腐烂。缺钾的症状在金银花生长发育的中后期才表现出来,早期不易发现。

(四)钙

缺钙的主要特征是幼叶和茎、根的生长点首先出现微小的凋萎,植株节间短且矮小,组织软弱,幼叶卷曲畸形,叶由绿变黄逐渐坏死。严重时,花和花芽大量脱落,果实和种子不能发育。

(五)镁

缺镁时,植株生长缓慢、矮小,降低花冠比,叶片干物质积累较高,降低光合产物向根部、花的输送能力,使产品产量和质量下降。其地上部分表现主要是叶尖和叶缘的叶肉色泽褪绿,由淡绿色变黄色,再变为紫色,之后向叶片基部和中央扩展。但叶脉不褪色,叶纹清晰。严重缺镁时,叶片可以干枯脱落。叶片失绿是金银花缺镁的主要特征。

(六)硫

金银花缺硫时,先从幼叶开始表现症状,主要是失绿黄化,有时出现红色斑块。植株矮小,茎干细弱,叶片显著变小,根往往细长不分枝,开花比正常植株要晚。

(七)铁

缺铁时,主要在植株幼嫩部位失绿。初期,叶脉还可保持绿色,严重时叶片出现褐色坏死斑点,叶片逐渐枯死。有时根尖变粗,并长出大量根毛。在土壤排水不良和长期积水时,容易发生亚铁中毒,亚铁中毒主要表现为老叶上面有褐色斑点,根呈灰黑色,严重时根系发生腐烂。

(八)硼

缺硼植株主要表现为生长点受到抑制,老叶片变厚、变脆、畸形以及枝条节间变短,出现木质化;往往造成现蕾而不开花,使产量降低,严重时可导致绝收。

(九)锰

金银花缺锰时,常出现叶片失绿并出现杂色斑点,叶片变皱、卷曲、凋萎,植株矮小,根系弱,花多不育。

(十)锌

锌在植物中主要是影响生长素的形成。缺锌时,植株矮小,节间短而呈簇状,出现小叶,叶缘常呈扭曲和皱褶状。在叶脉附近首先出现失绿,后发展成褐色斑,进一步发展使组织坏死。症状往往最先表现在新生组织上,缺锌花型变小,根系发育不良。

(十一)铜

缺铜时,植株多表现为丛生。植株顶端逐渐变为白色,症状通常由叶尖开始,严重时,开花较少。铜过量时也会引起铜中毒,主要表现为根不能伸长,侧根则变短小,叶片失绿,老叶坏死,叶柄和叶背面出现紫红色。

三、金银花生长需要肥料的分类和性质

目前金银花常用的肥料有:有机肥料、无机肥料、腐殖酸类肥料、叶面肥料和微生物肥料等。

(一)有机肥料

1. 有机肥料的种类

(1)农家肥料 农家肥是我国农业生产中的一项重要肥

料。系指就地取材、积制、就地使用的,含有大量的生物物质、动物残体、排泄物、生物废物等物质的各种有机肥料。施用农家肥料,不仅能为金银花提供全面的营养,而且肥效长,可以增加和更新土壤有机质,促进微生物繁殖,改良土壤的理化性状和生物活性,是生产金银花及其他中药材 GAP 产品的主要养分来源。农家肥料的主要种类有:人粪尿和家畜粪尿。其中,人粪尿是一种养分含量高、肥效快的有机肥料,人粪尿中的养分含量见表 5-1。

表 5-1 人粪尿的养分含量及成人粪尿中养分排泄量

种 类	主要养分含量(占鲜物%)					成年人排泄量(千克)			
	水分	有机质	氮	五氧化二磷	氯化钾	鲜物	氮	五氧化二磷	氧化钾
人 粪	>70	约20	1.00	0.5	0.37	90	0.90	0.45	0.34
人 尿	>90	约3	0.50	0.13	0.19	700	3.50	0.91	1.34
人粪尿	>80	5~10	0.5~0.8	0.2~0.4	0.2~0.3	790	4.40	1.36	1.67

注:表中数据为1个成年人1年的排泄量

人粪尿的养分是以含氮较多,磷和钾较少,碳氮比低(约5∶1)为特点。其中人粪尿中速效养分含量高,磷、钾均呈水溶性的,氮以尿素、铵态氮为主。所以,人粪尿被称为速效性肥料,可以用作基肥,作基肥最好配合磷、钾肥施用;亦可用作追肥。但是人粪尿必须经过贮存腐熟才能施用。其原因,一方面人粪中的有机态养分需要经过微生物的作用,进一步分解转换后才能被植物吸收利用;另一方面,大量的病菌、虫卵需要在腐熟的过程中被杀死,避免环境的污染。经腐熟后的人粪尿为优质的有机肥料,适用于多种土壤和多种作物。但是人粪尿中含1%的氯化钠,故盐碱地或低洼地应少用,以免增加盐的危害。按国家中药材生产质量管理规范中肥料适用标准化的规定,医院中病人排泄的粪尿不能用作种植中药材的肥料。用人粪尿作金银花基肥,最好与土及其他基质混拌堆沤腐熟后使用。

家畜粪尿是我国农业分布广、数量大的有机肥料来源,家畜粪尿因其种类不同,养分含量亦有差异(表5-2)。

表 5-2 家畜粪尿的养分含量 (%)

类　别	水　分	有机质	氮	五氧化二磷	氧化钾	氧化钙
猪粪尿	82	15.0	0.65	0.40	0.44	0.09
	96	2.5	0.30	0.12	0.95	1.00
牛粪尿	83	14.5	0.32	0.25	0.15	0.34
	94	3.0	0.50	0.03	0.65	0.01
马粪尿	76	20.0	0.55	0.30	0.24	0.15
	90	6.5	1.20	0.10	0.50	0.45
羊粪尿	65	28.0	0.65	0.50	0.25	0.46
	87	7.2	1.40	0.30	2.10	0.16

从表 5-2 中看出,马粪和羊粪中水分少,而有机质及养分含量却高;猪、牛粪水分多,而干物质少,养分含量稍低。

马尿和羊尿含尿素多,且腐熟分解较快;猪粪中尿素含量和难于分解的尿酸含量均低,因此腐熟居中;牛尿含尿酸、尿素少,因而分解最慢。

各种畜粪因纤维质地含量不同,所以具有不同的特性。

猪粪质地较细,含纤维少,碳氮比小,养分含量高。腐熟后的猪粪能形成大量的腐殖质和蜡质。因此,施用猪粪的土壤保水保肥性能好。另外,猪粪含有较多氮化细菌,由于含水较多,纤维分解菌少,分解较慢,故猪肥劲柔和,后劲长。因此,猪粪适宜施用于各种土壤和作物,既可作基肥,又可作追肥,是种植金银花最理想的粪肥。

牛粪质地细,含水量高,通气性差,分解慢,发酵时温度低,被称为冷性肥料。牛粪对改良质地粗、有机质少的沙土地效果良好。用沙土地种植金银花可用牛粪作基肥。但是,最好将牛粪稍风干后加入3%～5%的钙、镁或磷矿粉混合堆沤,腐熟分解后使用。

马粪中纤维素含量高,质地疏松,水分易蒸发,含水量少;粪中含有较多的高温纤维素分解菌。因此,腐熟分解快,并发热量大,故马粪为热性肥料。对改良黏重的土壤效果较好,但后劲较猪粪差。用黏土地种植金银花用马粪效果好。另外,将马粪混拌1/4的土,腐熟后可用作金银花盖头肥。

羊粪质地细密干燥,为热性肥料。粪中有机质、氮、磷和钙含量均比猪、牛、马粪高。用前最好与猪、牛粪混合堆积发酵,以缓和干燥性,达到肥劲"平稳"。羊粪适于各种土壤,是种植金银花较为理想的基肥。

除上述4种主要家畜粪肥外,兔粪含钾1.58%、磷1.47%、氮0.22%,氮、磷含量超过猪粪;鹿粪肥质超马粪,也是热性肥料。都是优质有机肥,是种植金银花较理想的肥源。

(2)厩肥(圈肥) 是一种家畜粪尿、褥草和饲料残余的混合物。一般运出圈外堆积,根据堆积先后和分解度的不同有新鲜、半腐熟和腐熟3种状态。厩肥富含氮、磷、钾等多种养分和有机质。施入土壤后继续分解,能提供多种养分,改良土壤结构,促进土壤微生物活动。分解产生的二氧化碳供应植物吸收利用,促进光合作用。它适用于多种药用植物,新鲜的只作基肥,半腐熟的也可作基肥为主,腐熟的作种肥和追肥。

厩肥成分根据垫厩的材料和用量、家畜种类、饲料优劣等的条件不同而有差异(表5-3)。

表 5-3　厩肥的平均肥料成分　（%）

家畜种类	水	有机质	氮	五氧化二磷	氧化钾	氧化钙	氧化镁	氧化硫
猪	72.4	25.0	0.45	0.19	0.60	0.08	0.08	0.08
牛	77.5	20.3	0.34	0.16	0.40	0.31	0.11	0.06
马	71.3	25.4	0.58	0.28	0.53	0.21	0.14	0.01
羊	64.6	31.8	0.83	0.23	0.67	0.33	0.28	0.15

据测定,厩肥平均含有基质 25%、氮 0.5%、五氧化二磷 0.25%、氧化钾 0.6%,即 1 000 千克厩肥含氮 5 千克、五氧化二磷 2.5 千克、氧化钾 6 千克。新鲜厩肥不能直接作金银花基肥施用。因为厩肥中秸秆一类的物质碳氮比值大,施用土壤后易出现微生物和金银花争夺水肥现象。同时,在土壤中发酵产生的热量对金银花根系生长不利,影响金银花的生长发育。所以,用厩肥作金银花基肥时,必须经过堆沤腐熟后才能施用。

(3)家禽粪　家禽粪是指鸡、鸭、鹅、鸽等的粪便,是氮、磷、钾很丰富的完全肥料。腐熟家禽粪可作基肥和追肥,适用于任何土壤和大田的药用植物或农作物。家禽粪的养分含量,见表 5-4。

表 5-4　家禽粪养分含量　(%)

种　类	水　分	有机质	氮	五氧化二磷	氧化钾	氮∶五氧化二磷∶氧化钾
鸡　粪	50.5	25.5	1.63	1.54	0.85	1∶0.94∶0.52
鸭　粪	56.6	26.2	1.10	1.40	0.62	1∶1.72∶0.56
鹅　粪	77.1	23.4	0.55	0.50	0.95	1∶0.91∶1.73

　　家禽粪中氮素以尿酸为主,尿酸盐不易被作物直接吸收,未腐熟的家禽粪有害于根系的生长发育,故家禽粪必须腐熟后方能使用。家禽粪混拌一定量的土壤腐熟后可以作金银花基肥。

　　(4)堆肥　堆肥多以蒿秆、杂草、落叶,符合积肥条件的垃圾堆积起来,加一些含氮较多的原料,经过腐熟而成的肥料。腐熟差的作基肥,腐熟好的可作种肥和追肥,适合于各种药用植物。堆肥堆积时要注意,严禁用医院垃圾、粪便及有污染的城市生活垃圾、工业垃圾作原料。

　　(5)绿肥　野生或栽培的绿色植物翻入土壤中作肥料的称为绿肥。绿肥含有多种养分和大量有机质,能改善土壤物理性质、培养地力、熟化土壤,还可作为沤肥原料。豆科绿肥植物有根瘤菌,能固定空气中的氮素,增加土壤中氮素的含量。绿肥要在作物播种或移栽前1～2周耕翻。

　　绿肥无论是翻压还田,还是过腹还田,都有提高土壤肥力的作用。据统计,我国北方,每公顷翻压鲜草 11 250～22 500千克,耕作层土壤有机质可增加 0.076%～0.24%,平均为0.145%。绿肥作物的含氮量一般在 0.3%～0.7%,豆科绿肥能固定空气中的氮,每公顷翻压 15 000 千克鲜绿肥,可净增土壤氮素 3～6 千克,相当于 6.513 千克尿素。大面积种植金银花在其他有机肥料来源不足的情况下,可采用种植豆科植物翻压还田方法,以增加土壤肥力。

(6)饼肥 油料作物的种子榨油的残渣用作肥料时叫饼肥。饼肥种类很多,所含养分大部为有机态,发酵后作基肥或追肥。适用于各种药用植物和各种土壤。饼肥中富含有机质和氮素,以及相当数量的磷、钾(表5-5)和各种微量元素。

表5-5 几种主要饼肥的养分含量 (%)

种 类	残 油	蛋白质	氮	五氧化二磷	氧化钾
豆 饼	5~7	43.0	7.0	1.3	2.1
花生饼	5~7	37.0	6.3	1.2	1.3
芝麻饼	14.6	26.2	5.8	3.2	1.5
向日葵饼	10	33.0	5.2	1.7	1.4
菜籽饼	7~8	31.5	5.0	2.0	1.9
棉籽饼	4~7	30.0	4.6	2.5	1.4

饼肥中的氮以蛋白质为主,磷以植酸、卵磷脂为主,钾大多是水溶性。有机态的氮、磷经微生物分解后才能被植物吸收利用。充分发酵腐熟的饼肥可以用作金银花的基肥和追肥,以追肥为主。作基肥时最好与其他有机肥料混合施用,栽种前14~20天撒施入土中,不能集中层施,避免未腐熟好的饼肥在土壤中腐烂时产生有机酸会对种子、须根带来危害;作追肥时先将饼粕粉碎用水浸泡,待其发酵腐熟后于金银花行间开沟追施。

(7)秸秆肥 农作物的秸秆是重要的有机肥料之一。作物秸秆含有相当数量的为作物所必需的营养元素(氮、磷、钾、钙、硫等)。将作物秸秆充分粉碎,均匀撒施于田间,翻压在耕作层土壤中,在适宜的条件下通过土壤微生物的作用,这些元素经过矿化再回到土壤中,为作物吸收利用。选用秸秆还田地种植金银花,必须提前1年翻压,使秸秆在土壤中充分腐烂分解后方能使用。

2. 有机肥的主要沤制方法

(1)垫圈积肥　使用垫料吸收家畜粪尿,即圈内积肥圈外堆腐的积肥方法。有深坑、串坑和平底3种方式。垫料多用秸秆、杂草、干土、泥炭等,如所用垫草较细软,如麦秸、稻草等称为褥草。垫草能吸收家畜粪尿不使流失或渗失,可增加厩肥产量。同时能使粪肥不致过湿,比较疏软,为畜粪发酵创造良好条件。垫料还可使畜舍空气新鲜、干爽,为家畜提供良好的生活环境。

(2)高温堆肥　高温堆肥就是将堆积材料在通风条件下,并加入分解纤维素细菌以加快腐熟而制成的堆肥。堆制方法有平地、深坑和半深坑等堆积法。以半深坑式堆积法为多。多种堆积方法都是挖有通气沟保证通气。高温堆肥能杀死材料中害虫卵、病菌孢子和杂草种子。

(3)沤肥　沤肥是在嫌气条件下沤制而成的有机肥。各地名称不一,其制法和原理基本相同。如江苏的草塘泥,湖南、四川的凼肥,江西、安徽的窖肥,湖北、广西的档肥及四川的块肥等。主要以河塘泥、蒿秆、稻根、绿肥、野草、落叶、厩肥、垃圾等掺混放入坑内,加水沤制,一般是在水分较多甚至在积水情况下沤制。这种积肥方式可以提高泥肥质量。原料来源丰富,肥效高而持久。大都作基肥,也可与速效性肥料混合作追肥。

(二)无机肥料

无机肥料又叫矿物质肥料、化学肥料,简称化肥。无机肥料的特点是不含有机质,含植物能利用的养分数量大,但种类少,形态简单,大都能溶于水或弱酸,能直接被植物吸收利用,肥效快,但不持久。按所含养分一般分氮肥、磷肥、钾肥和复合肥。

1. 氮肥 主要有硫酸铵、碳酸铵、尿素、氯化铵、石灰氮、氨水等。其中硫酸铵、碳酸铵多作种肥和追肥;尿素可作追肥,不能作种肥;氯化铵水旱地均可施用,水浇地宜作追肥;石灰氮可作基肥;氨水可作基肥和追肥。一般不能与碱性肥料混用。作追肥时不宜与植株茎叶接触,以免烧苗。

2. 磷肥 主要有过磷酸钙、磷酸二氢钾、钙镁磷肥。过磷酸钙可作基肥和根外追肥,不宜与草木灰等碱性肥料混合施用。磷酸二氢钾既含磷、也含钾,一般含磷酸 52%,含氧化钾 34%,可作基肥和追肥;钙、镁、磷肥肥效较慢,与堆肥腐熟后作基肥,不宜与铵态氮混合施用。

3. 钾肥 主要有硫酸钾、氯化钾、磷氨酸二氢钾。硫酸钾可作追肥,可与有机肥混合施用;氯化钾可作追肥,不宜施于盐碱地。

4. 复合肥 主要有磷酸二氢铵、磷酸氢二铵、硝酸钾、磷酸铵、硝磷钾、磷酸尿钾和硝酸磷钾等。一般都可作基肥和追肥施用。

(三)腐殖酸类肥料

腐殖酸是动植物残体在微生物作用下生成的高分子化合物。广泛存在于土壤、泥炭和褐煤中,以含腐殖酸的自然资源为主要原料制成的含有氮、磷、钾等营养元素或某些微量元素的肥料,统称为腐殖酸肥料。

它是一种多功能的有机肥和无机肥相结合新型复合肥料。我国目前生产的有:腐殖酸铵、腐殖酸钠、硝基腐殖酸铵、腐殖酸钾、腐殖酸磷、腐殖酸钙以及腐殖酸氮、磷、钾复合肥料等。以腐殖酸铵和腐殖酸钠为多。这类肥料可作基肥、追肥(包括根外追肥)和种肥。有的品种如腐殖酸钠可作为植物的生长刺激剂。

(四)微生物肥料

微生物肥料是利用能改善植物营养状况的微生物制成的肥料,简称菌肥。它是通过微生物的活动,把土壤和空气中植物不能吸收利用的营养元素变为植物可吸收的养分。

1. 固氮菌剂 固氮菌剂是好气性自生固氮菌的制剂。固氮菌能自由生活在根系附近的土壤中,它能直接将大气中的游离氮素转变为化合态氮,供植物吸收利用。自生固氮菌在土壤中固氮能力的强弱,常受到土壤的湿度、酸碱度和有机质等条件的影响。因此,制造固氮菌剂必须利用能适应于当地土壤气候条件的当地菌种。固氮菌剂可作基肥、追肥,多用于蘸根拌种,一般每公顷基肥用量75千克,追肥每公顷30千克,拌种每公顷15千克。

2. 5406抗生菌肥 5406抗生菌肥是把细黄放线菌混合在堆肥中制成的。细黄放线菌可把土壤中植物不能吸收的氮、磷等元素转化为能被植物吸收利用的养分。同时,还能分泌激素和抗生素,刺激根系发育并抑制病菌的孳生。5406抗生菌可作基肥、追肥,每公顷施用量2 250~3 000千克,也可用作拌种、浸种、浸根来防治病害,促进植物生长发育,提高产量和质量。与过磷酸钙合用效果更好。不能与波尔多液等杀菌剂混合使用。

3. 美地那（Medina） 生物要素肥料。它是美国生产的生物系列肥料,包括美地那土壤活化剂、腐殖酸和植物营养液以及好氧微生物组成的生物制剂,是可在我国销售的产品。美地那可用作改良土壤结构、疏松和熟化土壤,提高保水、蓄水能力,可加速植物残茬的分解,增加土壤腐殖质,提高土壤中营养元素的有效性。

(五)叶面(根外)肥料

是喷施于植物叶片并能被其吸收利用的肥料,亦称根外追肥,其含有少量天然的植物生长调节剂,只是不得含有化学合成的植物生长调节剂。

1. 植物生长辅助物质肥料 用天然有机物提取液或接种有益菌类的发酵液再配加一些腐殖酸、氨基酸、藻类、维生素、糖及其他营养元素制成。

2. 微量元素肥料 以铜、锰、铁、锌、硼、钼等微量元素为主配制的肥料。

(六)其他肥料

包括不含合成或添加剂的食品、纺织工业的有机副产品、锯末、刨花、木材废弃物等成分组成的肥料;包括不含防腐剂的鱼渣、骨粉、牛羊毛废料、骨胶废渣、氨基酸残渣及家禽、家畜加工废料和糖废料等有机物制成的肥料。

四、金银花生产中禁止使用的肥料

金银花标准化生产禁止用未经无害化处理的城市生活垃圾，禁止使用工业垃圾、医院垃圾及粪便。禁止使用硝态氮化学合成肥料（如硝酸铵、硝酸钠、硝酸钙）。

五、标准化生产的肥水管理

（一）施肥技术

标准化生产要求药材商品硝酸盐含量不超过标准，目前检查商品药材硝酸盐含量过高，主要原因是氮肥施用量过多，有机肥料使用偏少，磷、钾肥搭配不合理而造成。另外，中药材标准化生产中要求施用肥料时，必须有足够数量的有机物质返回土壤，以保持或增加土壤肥力及土壤生物活性，金银花标准化生产的肥料使用须遵循以下准则。

第一，所有有机肥料或无机肥料，尤其是富含氮的肥料应以对环境和药材（营养、味道、品质和植物抗性）不产生不良后果为原则。

第二，尽量选用国家生产绿色食品的各类使用准则中允许使用的肥料种类，可适当有限度地使用部分化学合成肥料，但禁止使用硝态氮肥。

第三，使用化肥时，必须与有机肥料配合施用，有机氮与无机氮之比以 1∶1 为宜，大约厩肥 1 000 千克加尿素 110 千克（厩肥作基肥、尿素作基肥和追肥用），最后 1 次追肥必须在收获前 30 天进行。化肥也可与有机肥、微生物肥配合施用。

其比例是:厩肥1 000千克,加尿素10千克或磷酸二铵20千克,再加适量的微生物肥料。

第四,饼肥对金银花的品质有较好作用,腐熟的饼肥可适当多用,一般高氮饼肥不含有毒物质,作为肥料只需粉碎就能施用。含氮量低的油饼常含有皂素或其他有毒物质,作肥料时需先经发酵,消除毒素(含毒素的饼肥有菜籽饼、茶籽饼、桐籽饼、蓖麻饼、柏籽饼、花椒籽饼和椿树籽饼等)。

第五,腐熟的达到无害化要求的沼气肥水、腐熟的人、畜粪尿可用作追肥。粪尿的贮存方式应符合以下要求:即杀死各种病原物,达到无害化要求;能够保蓄肥分,减少氨的挥发和防止肥液渗漏;防止蚊蝇孳生繁殖,有利于环境卫生。

第六,城市生活垃圾,在一般情况下使用是不安全的,要防金属、橡胶、砖瓦石块的混入;还要注意垃圾中经常含有重金属和有害毒物等。因此,城市生活垃圾要经过无害化处理,达到标准才能使用。每年每公顷农田限制用量,黏性土壤不超过4 500千克,沙性土壤不超过3 000千克。

第七,绿肥利用方式有覆盖和翻入土中混合堆沤。栽培绿肥一定要在适宜的时期进行翻压,深度要适宜,盖土要严,翻后耙匀。我国绿肥资源丰富,多数植物无论是栽培或是野生的都可用作肥料。因此,绿肥的种类繁多。目前我国已栽培利用的和可供栽培利用的绿肥有200多种,是中药材标准化生产中有待开发利用的天然肥源。我国绿肥作物在不同的环境条件和栽培制度下所形成的分布趋势是:在南方各省、自治区、直辖市主要是利用冬闲田栽培紫云英、苕子、金花菜、箭箸豌豆、肥田萝卜以及蚕豆和油菜等作为翌年主要作物的肥源或作牲畜饲料。北方各省、自治区以1年生绿肥居多,春季或夏季播种,种类有箭箸豌豆、草木犀、紫花苕子、绿豆等。

第八,秸秆还田有堆沤还田、过腹还田(牛、马、猪等牲畜粪尿)、直接翻压还田和覆盖还田等多种形式。秸秆直接翻入土中,要注意和土壤充分混合,不要产生根系架空现象,并加入含氮丰富的人、畜粪尿,调节还田后的碳、氮比为 20：1,也可以用一些氮素化肥,调节碳、氮比为 20：1。

第九,微生物肥料可用于拌种,也可用作基肥和追肥使用。使用时应严格按照说明书的要求操作,微生物肥料对减少中药硝酸盐含量,改善中药品质有显著效果,应积极推广使用。

第十,叶面肥料喷施于作物叶面,可使用 1 次或多次,但最后 1 次必须在收获前 20 天喷施。

(二)施肥方法

金银花是一种既耐瘠又喜肥的植物,氮、磷、钾肥的合理配比是提高产量的关键。肥料丰富则生长发育好,产量高,品质优。但营养元素缺乏的情况下,金银花仍能生长发育,但产量低,产品质量差,因此,金银花对肥料的需求量仍然较高,其施肥数量可因地制宜。但应根据金银花生长发育习性及植株生长状况合理安排。

1. 基肥 又称底肥,整地前施足充分腐熟的厩肥或堆肥,然后耕翻与土耙匀。

2. 追肥 根据金银花各生长发育阶段对肥料的需求量,确定追肥次数及追肥数量。

(三)常用肥料混合施用的方法

金银花进行施肥管理时,可单施某一种肥或几种肥混合施用。为了增强肥效,常常采用混合施肥的方法,但不是所有的肥料均可混合施用,有的肥料可混施,有的肥料却不可混合施用,如厩肥或人、畜粪尿可以与过磷酸钙、磷矿粉、骨粉混合施用,但不可以与碳酸氢铵混合施用。因此,在混合施肥时,一定要了解哪些肥可混合施用,哪些肥不可以混合施用,具体混合施用情况,见表5-6。

表5-6　常用肥料混合施用配伍表

肥料名称	人粪尿	厩肥	硫酸铵	尿素	氯化铵	碳酸氢铵	硝酸铵	氨水	钙镁磷肥	过磷酸钙	磷矿粉	骨粉	草木灰	氯化钙	硫酸钾
人粪尿	+	+	○	−	○	−	○	○	○	+	+	+	−	○	○
厩肥	+	+	○	○	○	−	○	+	+	+	+	+	−	○	○
硫酸铵	○	○	+	○	○	○	−	○	−	○	○	○	−	+	+
尿素	−	○	○	+	○	−	○	○	○	○	○	○	−	○	+
氯化铵	○	○	○	○	+	○	○	○	○	○	○	○	−	+	+
碳酸氢铵	−	−	○	−	○	+	○	−	−	○	−	−	−	○	○
硝酸铵	○	○	○	○	○	○	+	○	○	○	○	○	○	○	○
氨水	○	+	−	−	−	−	−	+	○	○	○	○	○	+	○
钙镁磷肥	○	+	−	○	○	−	○	○	+	○	○	○	○	○	○
过磷酸钙	+	+	○	○	○	○	○	○	○	+	−	○	○	○	○
磷矿粉	+	+	○	○	○	−	○	○	○	−	+	○	−	+	+
骨粉	+	+	○	○	○	−	○	○	○	○	○	+	−	+	+
草木灰	−	−	−	−	−	−	○	○	○	○	−	−	+	○	○
氯化钙	○	○	+	○	+	○	○	+	○	○	+	+	○	+	+
硫酸钾	○	○	+	+	+	○	○	○	○	○	+	+	○	+	+

注:"＋"表示可以混合;"－"表示不可以混合;"○"表示混合后立即施用

(四)育苗期的肥水管理

追肥齐苗后,除中耕除草外,还应结合中耕进行 1 次追肥,以促进幼苗的健壮生长。据试验研究,幼苗期的第一次施肥数量以每公顷追施人、畜粪水肥 22 500～30 000 千克,或用 150 千克尿素,浇水时随水施入。待幼苗长到一定高度(30～50 厘米),根系较多时,于 6 月下旬至 7 月上旬,结合第二次中耕除草追施第二次肥料,这时期每公顷可施入人、畜粪水肥 30 000 千克及过磷酸钙 750 千克,以加速幼苗的生长发育。到 8 月底至 9 月初应进行第三次追肥,施肥量以每公顷 20 000 千克人、畜粪水即可,并结合中耕除草 1 次,做到苗木生长期田间无杂草为宜。

(五)扦插苗的肥水管理

1. 追肥　金银花扦插后,一般 20～25 天就可以生根发芽,25～30 天开始吐绿放叶,这时开始能够进行光合作用,但微小的皮孔生根和愈伤组织发出的根源始体,尚不能从插床中吸收大量养分。因此,要从根外追肥中提供养分,让新芽吸收。一般从放叶后开始用 1% 葡萄糖或蔗糖,每隔 10 天,下午 16 时后开始进行叶面喷雾;也可以交替用 0.5% 尿素液加入适量的锌、硼、镁、锰等微量元素混合喷雾叶面,亦可用 0.2%～0.3% 的磷酸二氢钾溶液喷施,以补充营养,起到保护和增加叶绿素含量,促进生根的作用。

追肥使用人、畜粪尿水肥或用三元复合肥。肥料用量人、畜粪尿水肥以每公顷追施 25 000～30 000 千克,三元复合肥以每公顷施用 80～120 千克为宜。

2. 浇水与排水　扦插后除施足定根水外,以后应常保持苗圃的土壤湿润,可以用喷雾装置每天喷水 1 次,以免插条基部腐烂。每 7 天用 0.6%尿素或 0.2%磷酸二氢钾液交替喷洒,以促进根的形成。生根后一直到定植前应做到干旱时及时浇水,以促进插穗健壮生长;遇涝时开沟排涝,以免烂根。

(六)压条苗的肥水管理

压条繁殖的目的是为了提供更多的金银花种苗,以满足大田定植用苗的需求。为了培育健壮种苗,对压条苗仍应加强肥、水管理。压条后除浇足定根水外,还应经常保持土壤的湿润,经 30~35 天即可生根。此时应结合中耕除草进行 1 次追肥。每株用人、畜粪水 1~2 千克,或用 10 克尿素对水浇灌,以促其快速生长。在定植前还应追施肥料 1 次,让压条新苗积累充足的养分后再剪断脱离母株,带根定植于大田,这样便可提高定植的成活率。

(七)定植后的肥水管理

金银花是多年生小灌木,为了常年保持其稳产高产,必须在管理上狠下功夫,方能达到其高效益的目的。其中除了加强中耕、培土、整枝等田间管理外,还应重视金银花的肥水管理。

1. 追肥 金银花定植后第一年的株形尚未繁茂,枝条伸展不多,植株不高大,营养消耗亦少,这个时期可进行 2 次追肥,第一次在定植后 3~4 个月时结合中耕除草追施 1 次清粪肥、水,施肥量以每 667 米^{2}1 000~1 500 千克;第二次于秋末或 11 月上旬追施为宜,以促进植株健壮生长,积累更多的营养以利于越冬,其施肥量以每 667 米^{2}1 500~2 000 千克为宜。

定植后的翌年植株生长的枝叶、灌丛均比前 1 年繁茂,或有个别植株便开始开花,所需养分也比前 1 年要多,因此,在追肥次数和用肥量要超过前 1 年。据研究,定植后的翌年以追施 3 次肥为宜。第一次于春初即 3 月上旬,植株萌芽后,以每 667 米^2 施入清淡厩肥 2 000 千克壮苗肥;第二次于 6 月下旬至 7 月上旬,以每 667 米^2 追施 2 500~3 000 千克;第三次于 9 月下旬至 10 月中旬以每 667 米^2 施农家肥 3 000 千克。

　　定植后第三年,如管理得当,金银花植株已是枝叶繁茂的灌木丛林了,大部分植株已开始开花。在肥水管理上更应加强,因这个时期金银花植株既要进行营养生长也要进行生殖生长,所需养分相对比定植初期要大,追肥的次数和数量亦相对要多。一般追施 3~4 次肥。第一次在展叶前进行,即 2 月中下旬至 3 月上旬;第二次于采摘第一茬花后追施速效肥 1 次,因这个时期正值金银花植株生长旺盛期,为高产打下基础;第三次于采摘第三茬花后追施 1 次无机肥与有机肥的混合肥料,以利于提高第四茬花的产量,此次追肥最好在进行修剪后追施为宜,其施肥量以每株 6~8 千克即可;第四次于 10 月下旬至 11 月上旬追施 1 次越冬肥,以利于植株积累充足的养分安全越冬,其施肥量以每 667 米^2 施入农家肥 2 500~3 500 千克,尿素以每 667 米^2 追施 5~8 千克,可混合于农家肥中施入。

　　定植 4 年后,金银花植株已基本覆盖整个大田面积。所有植株均已开始开花,其施肥管理上应按其不同生长期而决定施肥量。

　　研究表明,氮、磷、钾等无机元素是植物代谢及构成组织器官的重要元素。经试验证明,通过给金银花植株施肥,补充足量的氮、磷、钾等元素,能显著促进植物代谢活动,提高金银花光合作用等过程积累更多植物生长所必需的营养物质,促进金银花不断生长发育,从而显著改善金银花的生长状况并大幅度提高金银花的鲜重和干重(表5-7)。

表 5-7   不同平衡施肥条件下金银花干品产量的比较

(单位:千克/试验地)

处　　理	第一茬	第二茬	第三茬	第四茬	合　计
不施肥	3.20	2.35	1.92	0.81	8.28
施无机肥	4.23	4.78	4.16	2.98	16.15
施有机肥	4.76	4.69	4.38	2.89	16.72
无机、有机肥结合施用	4.67	4.82	4.26	2.74	16.49

从表5-7看出,金银花产量(干重)具有先高后低的趋势。施肥与不施肥的产量有明显的差别。其中仅施用无机肥的金银花产量是不施肥的1.95倍,仅施用有机肥的金银花产量是不施肥的2.02倍。说明施肥对金银花增加产量有着十分显著的作用。而施肥的种类对金银花的产量也有不同的影响。施用有机肥的田块比仅施用无机肥的田块的产量略高。这可能与无机肥是速效肥,有机肥肥效较长有关。

经植物生理学的研究表明,植物体的生长发育过程实质就是植物体内一系列生物化学反应过程。施肥不仅为植物生长发育提供了生长发育所必需的一系列营养元素和成分,更促进了代谢过程,提高了植物体内及产品中相关成分的合成及积累,因而提高了产品质量。经试验研究,施肥不仅提高金银花的产量,也能显著提高金银花产品品质(表5-8)。

表 5-8　不同肥料组合配方条件下金银花中绿原酸、
木犀草素苷含量 （单位:毫克/克原材料）

不同肥料组合	绿原酸含量	木犀草素苷
不施肥	9.47	0.89
只施无机肥	19.23	1.36
只施有机肥	21.78	1.48
无机肥和有机肥结合施用	21.16	1.42

　　从表 5-8 看出,在金银花种植过程中,合理施用肥料能显著提高产品中绿原酸(金银花的有效成分)含量。3 种不同的施肥配方条件下,其金银花产品中绿原酸含量差别并不十分显著,说明在一定条件下,只要遵循平衡施肥原则,有机肥、无机肥可以相互替代对其产品质量的影响并不显著。同时,试验结果也说明,在施用有机肥的条件下,金银花产品中绿原酸含量高于只施用无机肥配方。因此,从提高金银花产品质量的角度看,应将施用有机肥作为施肥配方的首选。这可能与有机肥能全面而持久地为金银花植株提供营养元素以及有机肥料中可能含有一定的被植物体吸收的小分子活性物质有关。

　　金银花属于一年内多次分化花芽的植物类型,花枝边伸长边在叶腋里形成发芽,鉴于金银花的这种成花特点,必须保持一定强度的营养生长(枝叶)势,才能保证金银花的丰产和质量。施肥是提高金银花产量和质量的一个有效措施。常用的施肥方法是根际施肥,但是在金银花新梢旺长和花芽分化期进行施肥对根系的生长不利,且肥料的吸收利用率较低;而采用叶面喷施肥料,可避免伤害根系,同时养分可直接被叶片吸收利用,肥料利用率高。

据研究,喷施不同类型的叶面肥均能显著加快花蕾的发育过程,提高花的产量(表5-9)。

表5-9 不同类型叶面肥对金银花花蕾发育的影响

处理类型	首日花量占总产量的比例(%)	单株产量(克)	单株干蕾重(克)	折干率(%)
对　照	7.8	240.2	17.5	18.1
高 N 型	14.2	320.4	17.9	18.3
高 K 型	12.5	290.1	19.0	19.4
平衡型	19.7	244.9	18.2	19.1
尿　素	13.8	286.8	17.8	18.2
磷酸二氢钾	11.1	253.4	18.1	18.9

1. 高 N 型即指:$N : P_2O_5 : K_2O = 25 : 15 : 10$

2. 高 K 型即指:$N : P_2O_5 : K_2O = 15 : 10 : 30$

3. 平衡型即指:$N : P_2O_5 : K_2O = 20 : 20 : 20$

从表5-9看出,喷施叶面肥后均能提高首日花产量的比例,其中以平衡型效果为最显著,其次是高 N 型。从单株产量看,以喷施高 N 型叶面肥的产量为最好,平衡型的产量较低。

叶面施肥不仅对金银花产量有影响,而且对金银花叶片和花蕾化学成分的含量也有一定的影响。据研究,喷施叶面肥后能提高金银花的有效成分——绿原酸的含量(表5-10)。

表 5-10　叶面肥对叶片和花蕾化学成分含量的影响 （％）

处理类型	绿原酸		总　糖	
	叶　片	花　蕾	叶　片	花　蕾
对　照	4.17	5.10	33.40	27.17
高 N 型	4.59	5.90	25.45	22.35
高 K 型	4.66	5.89	25.80	25.55
平衡型	4.76	5.45	28.20	28.30
尿　素	3.69	4.76	27.50	29.95
磷酸二氢钾	3.19	4.84	29.65	32.95

从表 5-10 看出，喷施叶面肥可提高花蕾的绿原酸含量，其中以高 N 型和高 K 型效果最好，其次是平衡型。但是喷施尿素和磷酸二氢钾却使绿原酸含量降低，因此在叶面施肥时应予以注意。

金银花所用肥料可选用腐熟的人畜粪尿、厩肥、饼肥、磷肥、钾肥、尿素或复合肥等，但追施肥料时，一般有机肥与化肥混合施用效果较好。但不是所有肥料都可以混合施用。应注意肥料的性质，酸性肥料不能与碱性肥料混合施用。如硫酸铵等酸性肥料就不能与草木灰等碱性肥料混合施用。氨水不能与硫酸铵、氯化铵等生理酸性肥料混合施用。具体哪些肥料可以混合施用，哪些肥料不可以混合施用见表 5-6。

其施肥方法，最好在树冠下挖环形沟，将肥料均匀施于沟内，这样可以使所有的根系吸收养分以满足整个植株各个部分的生长发育需要。

2. 浇水与排水　金银花具有较强的耐旱、耐涝的特性。

因此,除了加强中耕追肥管理外,还应重视浇水和排水的管理。

据栽培的实践证明,定植后的 $1\sim2$ 年内,由于植株矮小,枝叶不茂盛,根系不发达,土壤的失水量相对偏多,尤其是定植后的头 1 年更应加强水的管理。浇水的次数和数量可根据定植地的保水程度而定,保水力差的地段应增加浇水次数;土层较厚,保水力较强的可适量予以浇水即可。总之,要保持定植地的常年湿润,不可处于干旱缺水状态。

多雨水的季节,要注意大田的排水工作,尤其比较平坦的地段,更易造成积水而出现涝灾,致使根系腐烂,严重影响植株的正常生长。因此,遇涝时应及时开沟排涝,切不可忽视。

金银花定植第四年以后,由于植株树冠宽大,枝叶十分茂盛,土壤的失水程度相对减少,这时的浇水次数和数量可因干旱的程度而定。如久晴不雨,或土壤瘠薄的地段就应适量予以灌溉,做到有旱即浇水,有涝即排涝。

第六章 金银花标准化生产的病虫鼠害防治

一、病虫害的综合防治

（一）农业防治

农业防治就是用先进的农业科学技术措施来抑制和消灭病虫害的发生、发展和危害。

农业防治的基本内容有以下 3 个方面：①增强抵抗病虫害的能力，改变病虫害发生发展的环境条件和病虫寄主及其食料对象，破坏病虫的潜伏和隐蔽场所，使它们无法生存。②选育高产优质抗病虫的药材种类和品种，减轻或免受病虫的侵入和危害。③把病虫消灭在前期，防止其继续蔓延和危害。

为了有效预防金银花病虫害的发生，在栽培管理上应做到以下几点。

1. 选育抗病虫害品种　选育抗病虫害性强的品种是经济有效的防治病虫害的措施。药材种类和品种不同，对病虫抗性有很大差异。在选育抗病虫的药材品种时，必须以丰产和优质为前提，否则虽然减轻或避免了病虫危害，但达不到高产优质的目的。

同时，品种的抗病能力是在不断变化的，往往因地区、环境和时间等条件的改变而丧失抗病虫害能力。为了保持药材品种的抗病虫性能，必须不断地进行选择、更新和选育新的抗病虫品种，同时还要不断调种，避免在一个地区内品种的单一化。

2. 合理轮作 不同药材有不同病虫害，而各种病虫害又有一定的寄主范围。因此，在一个地区或在一块地上经常轮作不同的药材品种和农作物，可对病虫起着恶化营养条件的作用，这对土壤带菌的病害，以及那些食性很窄的单食性和寡食性害虫更易见效。同时，经常轮作，还可以改变土壤结构，有利于药材生长，增强对病虫害的抵抗能力，提高产量。所以，统一安排搭配药材品种，有计划地每隔一定年限轮作各种不同的作物，是防治病虫害的有效措施。

3. 深耕细作 深耕细作时直接改变土壤环境，促进植物的根系发育，增强吸肥能力，保证作物生长发育健壮是获得药材丰收的重要措施。深翻土壤可将土表的害虫翻入下层窒息而死，并可破坏害虫巢穴和土室，将栖息于土中的病菌、害虫翻至土表，受阳光暴晒、雨水的冲击、冰雪的侵袭而死，或有利于天敌捕食。所以，深耕有直接杀虫、灭病的效果。

4. 合理施肥 肥料的合理施用，可促进药材生长健壮，提高对病虫害的抵抗能力，或避开病虫的危害时期。合理施肥还可以改变土壤的理化性状，在一定程度上还可以抑制病虫的发生和发展，有些肥料本身就有杀死害虫的能力，直接起着防治的作用。例如，菜籽饼、过磷酸钙、草木灰和石灰氮及抗菌肥料等，可分别杀灭和防治蛞蝓、蚜虫、蜗牛和多种地下害虫及某些土壤带菌的危害。

但施肥时要注意，富含腐殖质的有机肥料（粪肥、厩肥等）本身就是许多腐食性害虫的食物和另一些害虫的隐蔽场所。所以，在地里施用有机肥，必须经腐熟处理作基肥使用。

合理施肥要根据药材种类、生长发育状况、土壤性状及其环境条件的不同,其标准也不一样。一般原则是:施足基肥,分次施入追肥;有机肥料和无机肥料合理搭配,速效肥料和迟效肥料合理安排,氮、磷、钾三要素有正确的比例。

5. 除草和清洁田园 杂草的生长,不仅与药材争夺肥料,而且也是许多害虫的中间寄主和发源地。所以,勤除草可以消灭或减少害虫的隐蔽场所或病菌的发源地。因此,必须结合各季积肥和土壤深耕,除掉田间地边杂草,勤管理,见草就除,并将所除杂草及枯枝残叶集中烧毁或深埋处理,可减少病虫害的传染来源,减轻翌年虫害的发生,也是消灭病虫害的一项重要措施。

(二)生物防治

生物防治是利用某些生物或生物的代谢产物来抑制或消灭有害生物的方法。生物防治可以改变害虫种群组成成分,而且能直接消灭大量害虫。生物防治不仅对人、畜、植物安全,也不会使害虫产生抗性。生物防治是具体贯彻"防重于治"综合防治措施的重要方面。

(三)物理防治

物理防治是利用各种因素和器械等来防治害虫的方法。常用的有以下几种。

1. 简单器械的利用 利用某些病虫的聚集和某些特性加以扑灭,可以收到良好的效果。有些害虫,如地蚕、蜗牛等大量发生时,进行机械捕捉。

2. 诱集和诱杀 利用害虫的趋光性和一些特殊生活习性,设计诱集器械进行消灭。灯光可以诱杀很多害虫。

3. 晒种消毒 药材种子入库前都应暴晒，可以防止害虫的为害，减少霉烂和虫蛀。

(四)化学防治

化学防治是目前控制病虫害，保证药材生产高产、稳产的一项重要措施。但是必须禁止使用高毒、高残留农药（表 6-1），有限制地使用部分有机合成农药（表 6-2）。

表 6-1　中药材生产中禁止使用的农药种类

种　类	农药名称	禁用原因
有机氯杀虫剂	滴滴涕、六六六、林丹、艾氏剂、狄氏剂	高残毒
有机磷杀虫剂	甲拌磷、乙拌磷、久效磷、对硫磷、甲基对硫磷、甲胺磷、甲基异柳磷、治螟磷、氧化乐果、磷胺、地虫硫磷、灭克磷(益收宝)、水胺硫磷、氯唑磷、硫线磷、杀扑磷、特丁硫磷、克线丹、苯线磷、甲基硫环磷	剧毒、高毒
氨基甲酸酯杀虫剂	涕灭威、克百威、灭多威、丁硫克百威、丙硫克百威	高毒、剧毒或代谢物高毒
二甲基甲脒类杀虫杀螨虫剂	杀虫脒	慢性毒性、致癌
卤代烷类熏蒸杀虫剂	二溴乙烷、环氧乙烷、二溴氯丙烷、溴甲烷	致癌、致畸、高毒
大环内酯化合物	阿维菌素	高毒
无机砷杀虫剂	砷酸钙、砷酸铅	高毒

种 类	农药名称	禁用原因
有机砷杀虫剂	甲基胂酸锌（稻脚青）、甲基胂酸钙（稻宁）、甲基胂酸铁胺（田安）、福美甲胂、福美胂	高残留
有机汞杀菌剂	氯化乙基汞（西力生）、醋酸苯汞（赛力散）	剧毒、高毒
氟制剂	氟化钙、氟化钠、氟乙酸钠、氟铝酸铵、氟硅酸胺、氟硅酸钠	剧毒、高毒易产生药害
有机氯杀螨剂	三氯杀螨醇	
有机磷杀菌剂	稻瘟净、稻虱稻瘟净（异溴脒）	高毒
取代苯类杀菌剂	五氯硝基苯、稻瘟醇（五氯苯甲醇）	致癌、高残留

表 6-2　常用中药材生产中可以使用的农药种类

农药名称	毒性	剂型	防治对象	使用量稀释倍数（次）	施药方法	每季度最多施用次数	末次施药距采收间隔
敌敌畏	中等毒	50% 乳油 80% 乳油	蚜虫、鳞翅目害虫	150 ～ 250 克 500 ～ 1000 倍	喷雾	5	不少于 5 天
乐果	中等毒	40% 乳油	蚜虫、鳞翅目害虫	100 ～ 2000 倍	喷雾	6	不少于 7 天

农药名称	毒 性	剂 型	防治对象	使用量稀释倍数（次）	施 药 方 法	每季度最多施用次数	末次施药距采收间隔
马拉硫磷	低毒	50%乳油	蚜虫、鳞翅目害虫	1500～2500倍	喷雾	1	不少于7天
辛硫磷	低毒	50%乳油	蚜虫、鳞翅目害虫	1500～2500倍	喷雾	1	不少于5天
敌百虫	低毒	90%固体	地下害虫、鳞翅目害虫	500～1000倍	毒土或喷雾	5	不少于7天
抗蚜威（辟蚜雾）	中等毒	50%可湿性粉剂	蚜虫	10～20克	喷雾	2	14天
氯氰菊酯	中等毒	10%乳油	蚜虫、鳞翅目害虫	200倍	喷雾	4	7天
溴氰菊酯（敌杀死）	中等毒	2.5%乳油	黏虫、蚜虫、食心虫	10～25毫升	喷雾	2	7天
氰戊菊酯（速灭杀丁）	中等毒	20%乳油	蚜虫、螟虫、食心虫	20～40毫升	喷雾	1	10天
氟啶脲（抑太保）	低毒	5%乳油	鳞翅目幼虫	40～140毫升	喷雾	3	7天
除虫脲	低毒	20%悬浮剂	鳞翅目幼虫	1600～3200倍	喷雾	2	30天
噻螨酮（尼索朗）	低毒	5%乳油5%可湿性粉剂	螨	1500～2000倍	喷雾	2	30天

农药名称	毒 性	剂 型	防治对象	使用量稀释倍数（次）	施 药方 法	每季度最多施用次数	末次施药距采收间隔
炔螨特	低毒	73%乳油	螨	2000～3000倍	喷雾	3	不少于21天
百菌清	低毒	75%可湿性粉剂	霜霉病	500～600倍	喷雾	4	3天
甲霜灵（瑞毒霉）	低毒	58%可湿性粉剂	霜霉病	500～800倍	喷雾	6	21天
多菌灵	低毒	25%可湿性粉剂	霜霉病	500～1000倍	喷雾	2	不少于5天
异菌脲（扑海因）	低毒	25%悬浮剂	菌核病	140～200毫升	喷雾	2	50天
腐霉利（速克灵）	低毒	50%可湿性粉剂	灰霉病、菌核病	40～50克	喷雾	3	1天
三唑酮（粉锈宁）	低毒	25%可湿性粉剂	锈病	500～1000倍	喷雾	2	不少于3天

二、金银花标准化生产的病虫害防治

据研究调查,危害金银花的病虫害主要有 40 种,其中害虫 33 种,主要是鳞翅目、鞘翅目和同翅目的害虫;病害有 7 种,主要是由真菌侵染所引起的褐斑病、白粉病等(表6-3)。

表6-3　金银花主要病虫害种类

序　号	种　　名	分类地位	为害部位
1	中华忍冬圆尾蚜 *Amphicercidus sinilonicericola Zhang*	同翅目、蚜科	叶片、花蕾
2	胡萝卜微管蚜 *Semiaphis heracler Takahashi*	同翅目、蚜科	叶片、花蕾
3	忍冬皱背蚜 *Trichosiphonaphi slonicerae Uye*	同翅目、蚜科	花、嫩梢、叶
4	黑斑长头沫蝉 *Philagra fusifovmis Walker*	同翅目、沫蝉科	嫩梢、叶
5	咖啡虎天牛 *Xylotrechus grayii White*	鞘翅目、天牛科	枝干
6	木瓜星天牛 *anoplophora chinensis forster*	鞘翅目、天牛科	枝干
7	金绿里叶甲 *Linaeidea aexeipennia Baly*	鞘翅目、叶甲科	叶、嫩梢
8	铜绿异丽金龟 *Anomala corpulenta Motschvulsky*	鞘翅目、丽金龟科	根部
9	黄褐异丽金龟 *Anomala exoleta Faldermann*	鞘翅目、丽金龟科	根部
10	铜绿丽金龟 *Anomala corpulenta Motsch*	鞘翅目、丽金龟科	嫩根、茎、叶
11	华北大黑鳃金龟 *Holotrichia oblita Faloermann*	鞘翅目、鳃金龟科	根部
12	暗黑鳃金龟 *Holotrichia parallela Motschulsty.*	鞘翅目、鳃金龟科	根部

序 号	种 名	分类地位	为害部位
13	药材甲 *Stegobium paniceum Lvinnaeus*	鞘翅目、窃蠹科	贮藏期为害
14	烟草窃蠹 *Lasioderma serricorme Fabricius*	鞘翅目、窃蠹科	贮藏期为害
15	锯谷盗 *Oryzaephilus surinamensis Linnaeus*	鞘翅目、锯谷盗科	贮藏期为害
16	豹蠹蛾 *Zeuzera Leuconotum Butler*	鳞翅目、豹蠹蛾科	枝条
17	柳干木蠹蛾 *Holcoceru svicarious Walker*	鳞翅目、木蠹蛾科	茎干
18	芳香木蠹蛾 *Cossus cossus Linnaeus*	鳞翅目、木蠹蛾科	蛀干害虫
19	咖啡木蠹蛾 *Zeuzara coffeae Nietne*	鳞翅目、木蠹蛾科	嫩梢、嫩枝
20	人纹污灯蛾 *Spilsrctia subcarnae Wallker*	鳞翅目、灯蛾科	叶片
21	稀点雪灯蛾 *Spilosoma surticae Esper*	鳞翅目、灯蛾科	叶片
22	棉铃虫 *Helicoverpa armigera Hubner*	鳞翅目、夜蛾科	花
23	甜菜夜蛾 *Laphygma exigua Hubner*	鳞翅目、夜蛾科	嫩叶、生长点
24	金银花尺蠖蛾 *Heterolocha jinyinhuphaga Chu*	鳞翅目、尺蠖蛾科	叶片

序 号	种 名	分类地位	为害部位
25	双肩尺蠖 *Cleora cinctaria Schiffermuller*	鳞翅目、尺蠖蛾科	叶片、花蕾
26	金银花尺蠖 *Hererolocha jinyinhuaphaga Chu*	鳞翅目、尺蠖蛾科	叶片、花蕾
27	忍冬细蛾 *Phyllonorycter lonicerae Kumat*	鳞翅目、细蛾科	叶片
28	忍冬双斜卷蛾 *Cleora cinctaria Kumat*	鳞翅目、卷蛾科	叶、花蕾
29	干果粉斑螟 *Ephestia cautella Linnaeus*	鞘翅目、卷螟科	贮藏期为害
30	斑潜蝇 *Conop hwangi Chen*	双翅目、潜叶蝇科	嫩梢、叶
31	银花叶蜂 *Arge similis Vollenhoven*	膜翅目、叶蜂科	叶片
32	山楂叶螨 *Tetranychus viennensis Zacher.*	蛛形纲、叶螨科	叶片
33	红蜘蛛 *Panony chus citri（Mc Gregor）*	蛛形纲、叶螨科	叶、花蕾
34	褐斑病 *Cercospora rhamni Fack*	半知菌亚门、尾孢属	叶片
35	白粉病 *Microsphaera linicerae Wint. In Rabenh.*	子囊菌亚门、叉丝壳属	叶片、茎、花
36	炭疽病 *Colletotrichum gloeosporioides Penz.*	半知菌亚门、刺盘孢属	叶片

序　号	种　　名	分类地位	为害部位
37	锈病 *Uromyces sp.*	担子菌亚门、单孢锈菌属	叶片
38	黑霉病 *Cladosporum sp.*	半知菌亚门、芽枝霉属	叶片
39	霜霉病 *Phyllosticta capvifolii*	半知菌亚门、叶点菌属	嫩梢、嫩茎
40	根腐病 *Fusarium oxysporum*	半知菌亚门、镰刀菌属	根部

(一)金银花的病害防治

目前,虽然已发现危害金银花的病害有 7 种,但对金银花危害最重的是褐斑病和白粉病。

1. 金银花褐斑病　金银花褐斑病是由半知菌亚门尾孢子属病菌引起的叶部病害,发生普遍,危害严重,常造成植株长势衰弱,严重的造成植株死亡。

【发生规律】　病菌在病叶越冬,多在植株生长中后期发病,8～9 月份为发病盛期,此病菌喜高湿,在多雨年份发病较重;在潮湿的环境中发病较重。

【症状和诊断】　叶片为发病部位。发病初期在叶面上形成褐色小点,随着病情的发展,褐色小点逐渐扩大成褐色圆病斑或不规则病斑。病斑背面生有灰黑色霉状物。病情严重时,叶片脱落。

【防治方法】

①农业防治　加强田间管理,每年春、秋两季各进行 1 次中耕。每年春季,5 月下旬和 7 月初各施 1 次氮肥、磷肥,秋季施 1 次土杂肥,均衡土壤中的养分,促进植株健康生长,增强抗病能力;秋季彻底剪除病枝,扫清落叶,集中带到田外烧毁。

②化学防治　所用药剂为 50% 多菌灵可湿性粉剂 800~1 000 倍液;50% 硫菌灵可湿性粉剂 1 000~1 500 倍液;或 1：1：200 的波尔多液喷雾防治,在雨季喷 1 次,其后再喷 2 次,每隔 10 天喷 1 次。

2. 金银花白粉病　金银花白粉病是由子囊菌亚门的白粉菌引起的病害。叶、花、果实均可发病,发生普遍,危害严重,常造成枝条干枯,严重时植株死亡。

【发生规律】　病菌以子囊壳在病株残体上越冬,翌年子囊壳释放子囊孢子,侵染植株。植株发病后,病部产生分生孢子,进行再侵染,植株生长过于茂密,发病较重。

【症状和诊断】　白粉病主要危害金银花的叶、花和果实。发病初期,叶面上产生白色小点,后期逐渐扩大成白色粉斑,病情再继续发展时,病斑继续扩展布满全叶,造成叶片发黄皱缩变形,直至落叶。在花、果实上发病症状与之类似。发病严重时,可引起落花、落叶、枝条干枯,甚至植株死亡。

【防治方法】

①农业防治　选用抗病品种,合理密植,整形修枝,通风透光,不使植株过于荫蔽;施肥时注意不要施氮过多,以免植株生长茂密,造成发病较重。

②化学防治　用 50% 多菌灵可湿性粉剂 500 倍液,15% 粉锈宁可湿性粉剂 1 500 倍液喷雾,用 50% 硫磺悬浮剂 100

克,加 90% 敌百虫可湿性粉剂 100 克或 50% 乐果乳油 15 克对水 20 升,可兼治蚜虫;用 75% 百菌清可湿性粉剂 800 倍液喷雾,可兼治炭疽病。每隔 7～10 天喷 1 次,共喷 2～3 次。

(二)金银花的虫害防治

据调查,为害金银花的害虫虽有 33 种之多,但是主要的害虫仅有 9 种。

1. 咖啡虎天牛　咖啡虎天牛是鞘翅目昆虫,食性较杂,除为害金银花外,亦为害咖啡、日本泡桐等植物。

【症　状】　初孵幼虫先在韧皮部蛀食至木质部边缘,当幼虫长至 3 毫米时开始向木质部蛀食,形成迂回曲折的蛀道,无排粪孔,随向前蛀食,粪便随即堵塞后面的蛀道。因此,从表面很难发现,只有在 7～8 月份植株突然枯死时,才发现其为害,老弱金银花植株受害严重。

【生活习性】　咖啡虎天牛 1 年发生 1 代,以成虫或幼虫在金银花基部茎干内或枯枝内越冬。越冬成虫于翌年 4 月中旬、日平均气温达 15℃ 以上时,咬穿枝干表皮出孔,在树茎老皮裂缝内产卵。5 月上中旬羽化后以成虫越冬。越冬幼虫在树干内蛀食至 5 月上旬化蛹,5 月中下旬羽化,6 月上旬成虫出孔产卵,6 月下旬孵化,幼虫蛀入茎干为害,直到越冬。

【防治方法】　①冬季剪枝,清株整穴,清除老枝并烧毁。人工捕捉成、幼虫。用钢丝插入新的虫孔刺杀。②5 月上中旬和 6 月中下旬分别为两种越冬虫态的初孵幼虫盛期,选择晴朗无风的天气,人工释放管氏肿腿蜂,每公顷 1 000 头,大田寄生率可达 70%～80%。③5 月上中旬和 6 月中下旬分别为两种越冬虫态的初孵幼虫盛期,在幼虫尚未蛀入木质部以前各喷 1 次 80% 敌敌畏乳剂 1 500 倍液,杀死初孵化幼虫;4

月中下旬,5月中下旬于两种越冬虫态的蛹羽化期用糖醋液(糖：醋：水：敌百虫＝1：5：4：0.1)诱杀成虫,也有一定效果;将80％敌敌畏原液浸过的药棉塞入虫孔,用泥封住,毒杀幼虫。

2. 芳香木蠹蛾 芳香木蠹蛾为鳞翅目木蠹科害虫。以幼虫态为害金银花枝干。除为害金银花外,还为害杨、柳、榆、苹果、梨、杏等植物。

【症　状】 刚孵化的幼虫群集在孵化处周围,成群蛀入茎皮下,取食韧皮部和形成层。以后随着虫龄的增大逐渐分散蛀入木质部,由上至下形成不规则坑道,为害植株,影响植株生长,严重时可使植株枯死。

幼虫受惊后散发出一种特有的芳香气味,喜寄生于孤立木或林缘及零星树木上,故散生金银花植株易遭虫害。

【生活习性】 芳香木蠹蛾一般为2～3年完成1代。当年幼龄或中龄幼虫在金银花或其他树木茎内越冬。4月份中龄幼虫向下活动为害,随着气温不断升高,幼虫转向上部扩大为害。9～10月份接近老熟,即离开被害植株,转移到新植株上钻入木质部进行第二次越冬。第二次越冬的幼虫于春暖后钻入5～6厘米深的土层中,做一长形斜立的土窝,在内吐丝做茧化蛹。蛹期30～45天。5月下旬至6月上旬,蛹大量羽化。羽化出的成虫夜间活动、交尾、产卵。卵产在植株茎干中、下部裂缝处,并分泌黏液把卵黏在一起呈块状。卵约经15天孵化,6月下旬至7月上旬为卵孵化盛期。

【防治方法】 ①春季清株整穴时闻有异香,则说明有芳香木蠹蛾幼虫,可人工进行捕杀。②在春季植株发芽前,在其周围撒施1％敌百虫粉剂,每株15克;或在茎干周围撒施3％辛硫磷乳油,每株50～100克,然后培土。③5～6月份成虫出土期,用黑光灯诱杀成虫,减少虫源。

3. 豹蠹蛾 豹蠹蛾为鳞翅目豹蠹蛾科昆虫,是为害金银花的又一重要蛀茎性害虫。以幼虫态为害金银花的枝干。除为害金银花外,亦为害苹果、梨等植物。

【症 状】 初孵幼虫即自枝条上端枝杈或嫩梢处蛀入,3～5天后被害嫩枝枯萎。幼虫长至3～5毫米后在被害枝外排出细屑状虫屎,容易发现。低龄幼虫多群集为害,幼虫长至10～15毫米后即分散为害,此时的幼虫由枝条的上部逐渐向下部蛀食,在木质部和韧皮部之间绕枝条蛀一环,由于输导组织被破坏,枝条上端很快干枯,使金银花枝条遇风即折断。

【生活习性】 豹蠹蛾1年发生1代。以高龄幼虫越冬,90％以上幼虫在被害的茎干蛀道内越冬,少数在根部越冬。11月下旬至翌年3月下旬为幼虫越冬期。4月上旬,幼虫开始取食为害,经1个月的取食后,3月上旬陆续化蛹,5月上旬至6月上旬为化蛹盛期,6月上旬,开始羽化,6月下旬为羽化盛期,7月上旬为幼虫孵化始期,7月中下旬为孵化盛期。经观察,成虫期3～5天,卵历期20～23天,幼虫期314～330天,蛹历期19～31天。

成虫夜间活动,有较强的趋光性。成虫羽化后的当天即可交尾,交尾后1～2天开始产卵,卵多产于枝条的上、中部枝杈处,成虫产卵量250～300粒,卵在自然温度条件下经10～15天即可孵化。

【防治方法】

①冬季修剪 冬季剪枝从12月上旬至翌年2月均可进行。豹蠹蛾喜为害衰弱的老花枝,对花枝的修剪要掌握旺枝轻剪,弱枝重剪,有虫枝、徒长枝全剪,做到花枝内膛清,透光好的原则。其防治效果可达30％左右。

②夏季修剪　7月下旬采完第二茬花后进行。利用低龄幼虫群集为害的习性,此时正值豹蠹蛾幼虫为害金银花上部枝条,若发现枯萎的断梢和见到排出细屑虫屎的枝条及时修剪掉。夏季修剪是防止豹蠹蛾的有效措施,防治效果可达到50%左右。

③药剂防治　7月中下旬为豹蠹蛾幼虫孵化盛期,这是药剂防治的最适期。喷药方法:以50%杀螟松乳油1 000倍液或40%乐果乳油1 500倍液加0.3%～0.5%煤油,将配好的药液均匀喷到枝条上,以喷湿不向下滴为度,其防治效果可达80%左右。药剂防治必须在采花前10天进行,以免药剂残留而影响产品质量。

4. 蛴螬　蛴螬是鞘翅目金龟甲科的幼虫,统称为蛴螬,别名土蚕。成虫统称为金龟甲或金龟子。我国金龟甲种类较多,分布较广,对金银花植物为害最重的有华北大黑鳃金龟(Holotrichia diomphalis Bates)、铜绿丽金龟(Anomala corpulenta Matschulsky)等。一般水浇地、旱地均有发生,尤以洼地较湿润的旱地发生严重。

【症　状】　蛴螬杂食性,尤以为害小麦、玉米、花生、大豆、马铃薯等最烈,对金银花主要是为害幼苗,重者咬断幼苗根茎,使植株枯萎而死;轻者也往往因咬食伤口感染其他病原微生物而引起腐烂,造成缺苗断垄。

【生活习性】　金龟甲世代重叠,生活史较长,因不同种类和地区不同,完成1个世代所需的时间也不相同,有的1年可发生1代,有的数年才完成1代。

①华北大黑鳃金龟　在淮河以北地区2年发生1代,以幼虫和3龄幼虫隔年交替越冬。越冬成虫4月上旬出土,5月下旬至6月上旬为盛期,6月上旬陆续产卵,当年幼虫发育

到 3 龄幼虫越冬,翌年 4 月份越冬幼虫开始活动为害,6 月中下旬化蛹,7 月份羽化为成虫,在土下潜伏度夏,秋季温度下降后相继越冬;翌年春成虫出土取食,6 月初产卵,即完成了 1 个世代。

②铜绿丽金龟甲　在辽宁、河北、山西等省 1 年发生 1 代,以幼虫越冬。在辽宁省为害期为 5 月中下旬,6 月中下旬化蛹、羽化。成虫出现盛期为 6 月下旬至 7 月上中旬。7 月中旬田间出现第一代幼虫,10 月下旬气温开始下降,准备越冬。在河北省其出现和为害期比辽宁为早。成虫通常情况下是昼伏夜出,每晚黄昏出土,20～22 时是活动高峰期。多聚集在 2～5 米高的树上交尾和取食,午夜后逐渐减少,天亮前潜回土中,有假死性和很强的趋光性。

【防治方法】

①粪土消毒　多数地方使用的是粪肥为未腐熟的粪肥,是蛴螬的寄生场所。因此,在施用前用 80%敌百虫可湿性粉剂 800～1 000 倍液,或 50%辛硫磷乳油 500 倍液喷洒均匀,闷 24 小时即可全部杀死。

②毒饵诱杀　田间发生时可使用毒饵诱杀。可用 80%敌百虫可湿性粉剂 1 千克,麦麸或其他饵料 50 千克,加入适量清水充分拌和,黄昏时撒于被害田间。特别在雨后效果较好。

③灯光诱杀　金龟甲有较强趋光性,在金银花育苗地附近安装电灯,夜间开灯后田间成虫集中于灯光下,可人工捕杀。

④喷药防治　害虫发生严重的地块,特别是播种后出苗前的育苗地,可用 50%辛硫磷乳油 1 000 倍液或 80%敌百虫可湿性粉剂 800～1 000 倍液进行畦面浇灌效果较好。植株

生长期浇灌后用清水冲洗 1 次,以免产生药害。

⑤人工捕杀　根据成虫活动规律,利用其假死性进行捕杀。一般在黄昏时进行,大面积连续进行几次可显著减轻为害。

⑥捕杀幼虫　种植金银花备用地要进行多次耕翻,使卵、蛹翻入深层,改变生态条件致死,翻到地表的幼虫及蛹可被鸟吃掉。

5. 忍冬细蛾　忍冬细蛾属鳞翅目细蛾科,为国内新记录种,原发现于日本,其寄主植物主要为金银花。忍冬细蛾以幼虫潜入为害。

【症　状】　幼虫孵化后便潜入叶背表皮下取食叶绿素组织,形成虫斑,初期与叶上表皮紧连的叶绿素组织未被破坏,叶片正面观正常,而叶片背面则可见许多大小不等的白色囊状椭圆形虫斑,随着虫龄期的增加,叶正面被虫为害部分则形成一黑色斑。每片叶上有虫斑 3～5 个不等,严重者有 10 余个色斑,造成叶片枯焦,失去光合作用能力,早期落叶,严重影响金银花树势和产量。

【生活习性】　忍冬细蛾在河南省封丘地区 1 年发生 4 代,以幼虫在老叶内越冬,翌年 3 月中下旬越冬幼虫开始活动,以后陆续化蛹,4 月中旬开始羽化。

忍冬细蛾越冬幼虫于每年 3 月中下旬开始取食活动,当金银花长出新枝叶时开始羽化,羽化期为 20 天左右。成虫多在傍晚前后活动,进行交尾,产卵于金银花嫩叶背面。卵单粒散产,半透明。卵期 1、4 代为 10～15 天,2、3 代为 7～8 天。幼虫孵化后即从卵壳下潜入叶下表皮为害。老熟幼虫在虫斑内化蛹。幼虫期 1 代 30 天左右;2、3 代 20～25 天;4 代(越冬代)长达 5～6 个月。蛹期 1、4 代为 8～10 天;2、3 代为 6～8

天。成虫羽化时,蛹皮一半露出虫斑之外。成虫有一定的趋光性。

【防治方法】

①人工防治　秋、冬季结合金银花的修剪,清除落叶,并将剪下的枝条带出田园,彻底烧毁,以降低越冬虫源基数。

②药剂防治　忍冬细蛾有随着代数的增加,为害明显加重的特点,所以应注意前期防治。在越冬代,第一代成虫盛期,可用25%灭幼脲3号胶悬剂3 000倍液喷雾。在各代卵孵盛期,可用1.8%阿维菌素乳油2 000~3 000倍液喷雾,效果均佳。金银花为丛生藤本灌木,枝叶茂密,在喷雾时尽可能将药液喷匀、喷透,特别是基部老叶也应喷到。

(三)金银花产品贮藏期的害虫防治

金银花易吸湿受潮,特别在夏季,含水量达10%以上时,就会出现霉变和虫蛀现象。金银花贮藏期的害虫一般有2类:一类是螟蛾类害虫,如粉斑螟等;二是甲虫类害虫,如烟草甲、药材甲、锯谷盗等。

1. 粉斑螟　粉斑螟为鞘翅目,卷螟科害虫,主要在金银花贮藏期为害其产品,使产品的质量降低,甚至不能作药材使用。

【生活习性】　粉斑螟1年发生4代,以幼虫越冬,翌年春暖化蛹,5月中旬前后成虫出现,产卵于药材包装品上。以后成虫相继于6月中下旬,8月中旬和10月中下旬出现,幼虫为害期为每年5~10月份。成虫寿命8~14天,在温度25℃时从卵至成虫需41~45天。幼虫惧怕高温,在夏季烈日下可被晒死;不耐严寒,在冬季0℃以下,各虫期经1周死亡。

【防治方法】

①密封、防潮、降氧　药材自身、微生物及有害虫体都消耗氧气,在密封的环境条件下,氧气消耗后不能被充气,缺氧则呼吸作用停止,故能防虫、灭虫。一般氧气浓度在 8% 以下,就能防虫。

密封同时能阻挡外界湿气进入,并有降湿作用,保持药材干燥。药材干燥对防霉变和虫蛀都有作用。

②日光暴晒,高温杀虫　在夏季选择晴天,将药材摊在干燥的水泥场地上,厚度 3 厘米左右,在烈日下暴晒。暴晒时勤加翻动,幼虫可部分被杀死;没晒死的幼虫隐伏在药材下部的碎屑和粪便中,在下午 15 时前,可将上层的药材收起,消除下部碎屑、粪便、幼虫尸体。连续暴晒 2 次,可基本控制其为害。

③自然冷冻,低温杀虫　粉斑螟的各个虫期,处于 0℃ 以下低温,历经 7 天,便自然死亡。故天气寒冷地区,都可利用冬季低温杀虫。其做法是:根据天气预报,选择连续低温时机,于下午 16～17 时,将带虫药材置于室外干燥场地,或在严冬的晴天,将贮藏仓库门窗全部打开,连续冷冻 1 周以上,即可达到杀虫的目的。

④药剂熏蒸　通常使用磷化铝熏蒸,注意避免用氯化苦熏蒸,因氯化苦熏后花蕾易变色发黑。

使用方法:可用塑料帐幕密封药材垛,或将仓库房密封熏蒸,根据药材垛体积或仓库容积,设多点投药,药片放在器皿中,把药片摊开。帐幕熏蒸每立方米体积用 5～7 克。当温度在 12℃～15℃ 时,须密闭 5 天;16℃～20℃ 时,须密闭 4 天;20℃ 以上时须密闭 3 天(不能少于 3 天)。熏后排毒,先打开下通风口,再打开上通风口,排气通风不少于 3 天,使用后的磷化铝残渣,应拿到空旷处深埋。

注意事项:贮藏磷化铝应防潮,并远离火源及易燃品,操作人员应具有防毒设备。施药应先上后下,先里后外。开筒取药时,不要正对面部。每立方米空气中磷化铝超过 26 克,温度在 25℃时,能自燃爆炸,故在常温下每个投放点,不应超过 30 片。

⑤无虫药材要严加隔离 杜绝传播途径。金银花贮藏的关键是必须充分干燥,药蕾含水量应保持在 5% 左右,并防止受潮。另外,发生虫害的药材和未发生虫害的药材要分库贮藏,分别放置,严加隔离,杜绝传播。

2. 药材甲 药材甲是鞘翅目窃蠹科害虫,主要对金银花贮藏产品进行为害。

【生活习性】 药材甲 1 年发生 2～4 代。以幼虫越冬。温度 24℃,空气相对湿度 45% 时,完成 1 代需要 45 天;在 17℃以下时需要 7 个月。成虫、幼虫喜在坚硬的食物上蛀成孔穴,产卵于食物表面曲折多的部位。每头雌虫可产卵 40～60 粒,幼虫在粉中喜结成小团。成熟的幼虫在团块中和蛀孔隧道中结茧化蛹并羽化。成虫喜飞翔。

【防治方法】 同粉斑螟。

3. 锯谷盗 锯谷盗属于鞘翅目锯谷盗科害虫,主要在金银花贮藏期进行为害。

【生活习性】 锯谷盗 1 年发生 3～5 代。成虫寿命可达 3 年以上,抗药性较强。以成虫越冬,少数在仓房缝隙内,多数爬至仓外附近的墙缝、砖石、树皮、杂物下越冬,翌年再返回仓内。成虫产卵于食物碎屑及食物凹陷处。完成 1 代在 25℃时需要 30 天,30℃需要 21 天,35℃仅需 18 天。

【防治方法】

①密封、防潮、降氧 方法同粉斑螟。

②日光暴晒,高温杀虫 同粉斑螟。

③药剂熏蒸 同粉斑螟。

④越冬成虫防治 根据成虫的越冬习性,在初冬及早春及时在仓房周围喷药打蛀虫线,以阻隔和杀死越冬成虫。

4. 烟草甲 烟草甲为鞘翅目窃蠹科害虫。主要在金银花贮藏期为害。

【生活习性】 烟草甲1年发生3~6代。成虫善飞翔,喜微弱的光,不食固体食物,仅食液体,在黄昏夜间或高潮湿时则四处飞翔。产卵于药材凹陷处或皱褶处,或烟叶的缝隙中。在气温 22.5℃~30℃ 每头雌虫产卵 38~172 粒。刚孵化的幼虫啮食食物,老熟后在被害物中做白色坚韧的薄茧化蛹。并羽化为成虫。在气温 30℃、空气相对湿度 70% 时完成1代需要 29 天。

【防治方法】 同粉斑螟。

三、金银花标准化生产的鼠害防治

据统计,全世界有 1 700 余种鼠类,占哺乳动物总数的 40% 以上。我国有啮齿动物 180 余种,其中有 20 种为主要有害鼠种,遍布于全国。华东、华南和西南地区的主要害鼠种类有褐家鼠、小家鼠、黄胸鼠、黑家鼠、黑线姬鼠、黄鼠、黄毛鼠、板齿鼠、棕背平鼠、松鼠和林姬鼠;西北、华北和东北地区及青藏高原主要农林害鼠有小家鼠、黄鼠、长赵沙鼠、子午沙鼠、田鼠、仓鼠、布氏田鼠、中华鼢鼠、高原鼢鼠、草原鼢鼠、黑唇兔鼠等。这些鼠类不仅对农林业造成极大危害,而且直接为害人类健康。据统计,约有 30 余种流行疾病与鼠类有关,如鼠疫、钩端螺旋体病、流行性出血、热斑疹病、森林脑炎、羌虫病、狂犬病和利什曼病等均由鼠类所传播。因此,大规模消灭害鼠具有十分重要的意义。

(一)鼠害的综合防治

根据鼠害的基本规律,坚持"预防为主,综合防治"的防治方针,因时、因地、因作物而区别对待。以生态灭鼠为基础,化学药物毒杀为重点,统一行动,做好防止鼠害工作。

1. 农业措施 主要是通过耕作等方法,创造不利于鼠害发生和生存的环境达到防鼠减灾的目的,具有良好的生态效益和经济效益。

第一,科学调整作物布局,连片种植,可减少食源种类,并有利于统一防治。

第二,彻底消除田间地头、渠旁杂草杂物,消灭荒地,以便发现、破坏和阻塞鼠洞,减少害鼠栖息藏身之处。

第三,采取深耕和精耕细作,提高作物抗鼠害能力。

第四,灌水灭鼠。旱地在雨季集雨灌洞。水浇地春、夏灌洞,可降低田间害鼠数量。

2. 生态方法 主要是通过恶化害鼠的生存环境,降低环境对害鼠的容纳量来实现。包括减少害鼠的隐蔽场所和断绝食物来源。

3. 生物方法 是利用害鼠的天敌来控制数量,以保护鼠类天敌来实现。如猫头鹰、蛇、鼬等。

4. 物理方法 是利用捕鼠器械捕杀害鼠,这是目前较为理想的灭鼠方法。常用的有各种鼠夹、鼠笼及弓箭等。

5. 化学方法 是利用化学制剂杀鼠,其作用快,效果好,在一定的时间内可达到控制鼠害的目的,但对人、畜不安全,易造成危害,目前已趋于少用或禁用。

自 20 世纪 50 年代以来,我国已先后试制成功了 30 余种灭鼠剂,目前在市场上出售并在灭鼠中使用的有 15 种左右。一般杀鼠剂可分为急性杀鼠剂、慢性杀鼠剂、熏蒸剂、驱鼠剂和不育剂。其中使用最多的急性杀鼠剂有磷化锌、灭鼠安、毒鼠磷和除鼠磷等。慢性杀鼠剂也叫抗凝血杀鼠剂,目前使用最广的有敌鼠钠盐、氯敌鼠、杀鼠迷、鼠得平、杀鼠灵等。熏蒸剂和驱鼠剂只在特殊环境下使用。不育剂尚在试验阶段。

抗凝血杀鼠剂称为安全有效地杀鼠剂,因为这类药剂作用时间长,目前各国均已使用。一般在投毒后 3～5 天才出现中毒死鼠,而且人、畜中毒后有特效的解毒剂。现在这类杀鼠剂已广泛用于家栖或野栖鼠类的防治。选择高效无二次中毒的 0.5%溴敌隆、7.5%杀鼠迷及 80%敌鼠钠盐,其灭鼠效果均较好。

选用灭鼠剂时,必须坚持"经济、安全、高效"的原则,严禁使用国家已明文禁止生产、经营和使用的剧毒急性鼠药,氟乙酸钠、四二四(毒鼠强)、甘氟、毒鼠硅和主要由毒鼠强加工而成的一步倒、神奇快杀灵、一扫光、碰倒死、三步倒、闻倒死等。这类杀鼠药剂虽见效快,但容易造成人、畜多次中毒和污染环境。

(二)金银花鼠害的防治

1. 为害症状　为害金银花的鼠类主要是田鼠、褐家鼠、松鼠、林姬鼠等。这些鼠类多采食金银花果实和幼苗基叶,造成育苗地缺苗断垄,并严重影响其产量。

2. 防治方法　对鼠害的防治,除采取灭鼠器械和综合防治外,还可采用安全有效抗凝血慢性杀鼠剂。如杀鼠灵、敌鼠钠盐等药剂进行灭鼠。

（1）投毒时间　灭鼠的合适时间应选在金银花果实快成熟阶段进行，即在8～9月份这段时间，此间大田害鼠数量较多，活动频繁，是大田灭鼠的最佳时期。对育苗地鼠害的防治最好选在幼苗出齐后直到展叶阶段，因这段时间是幼苗被鼠害最重时期，即于3月初至4月中旬进行防治为宜。

（2）毒饵配制　将毒鼠药剂与小麦、大米等饵料按要求配成毒饵，所配制成的毒饵不能再添加其他鼠药和食物，以免影响灭鼠效果。配制方法：①7.5％杀鼠迷水剂毒饵配制方法（浸泡法）：按1：7：200（即药：水：饵料）的比例制成浓度为0.03％的毒饵。②0.5％溴敌隆母液配制方法：按1：7：100（即药：水：饵料）的比例配制成毒饵。

（3）毒饵投放技术　沿金银花种植地的四周投放，放于鼠类经常出没的地方，每隔5米投放1堆，每堆10克。

（4）投放饵料注意事项　毒饵的投放应做到"鲜、匀、足、遍"。

①鲜　所用的饵料药要鲜，不能用发霉变质的食物配制饵料。

②匀　配制毒饵时，药剂与饵料应拌混均匀。

③足　配制投放的毒饵数量要充足。

④遍　凡有鼠为害的地方都要做到保质保量地投药，以确保灭鼠效果。

（5）安全注意事项　投药时间应注意人、畜安全，若误食慢性杀鼠剂，如溴敌隆、杀鼠迷、杀鼠灵、敌鼠钠盐等，可用维生素K作解毒剂，并及时送医院救治。

第七章　金银花标准化生产的
采收、加工及贮藏

一、适 时 采 收

栽培金银花的目的是为了获得高产优质的药材产品。在栽培中,一是获得高产,二要提高有效成分含量。金银花的产量和质量除了适宜的栽培技术和精细的管理外,与适时的采收有极为密切的关系。采收的时间不当,不仅影响药材的产量,更为重要的是影响金银花药材的质量。

目前对金银花采收期的划分,一般多分为 7 个阶段即幼蕾(绿色小花蕾,长约 1 厘米)、三青(绿色花蕾长 2.2～3.4 厘米)、二白(淡绿白色花蕾,长 3～3.9 厘米)、大白(白色花蕾,长 3.8～4.6 厘米)、银花(刚开放的白色花,长 4.2～4.8 厘米)、金花(花瓣变黄色,长 4～4.5 厘米)、凋花(花呈棕黄色)等。而市售的商品中常仅包括 5 个不同发育阶段的花。根据其不同的发育阶段,将花分为花蕾期、三青期、二白期、大白期、银花期及金花期等不同时期。不同时期其有效成分绿原酸的含量也不相同(表 7-1)。

表 7-1　不同采收期金银花绿原酸含量比较

采收期	三青期	二白期	大白期	银花期	金花期
绿原酸含量(%)	6.20	5.25	4.65	3.05	3.41
花朵干重(克)	0.549	0.57	0.705	0.689	0.525

从表 7-1 看出,从三青期到金花期 5 个不同发育阶段,金银花中的绿原酸含量随其发育阶段的提高而逐渐降低,至银花期最低仅有 3.05%,不到三青期的 50%。表明采收期不同,其有效成分含量有较大差异。因此,适时采收是保证金银花产品质量的关键环节。

(一)最佳采收期

金银花的最佳采收期,应根据其外观形态综合特征和内在质量即绿原酸含量高低标准综合考虑来确定。据实践经验,以采收二白期和大白期花蕾入药质量为最好,这两个时间是金银花采收的最佳时期。一般于 5 月上旬至 5 月下旬开始采收。第一次采花后,以后每隔 1 个月左右采收第二、第三、第四茬花。但因地区不同,开花的先后略有差异,可因地因时自行确定采收的合适时期。

金银花从花蕾至开放需 5~8 天,为了保证产品质量,当现蕾后就要常常观察花的外部形态特征,以便适时采收,不同发育阶段其外部特征亦有差异(表 7-2)。

表 7-2   不同发育期金银花的外部形态比较

类 别	三青期	二白期	大白期	银花期	金花期
鲜 花	花蕾棒状,上部膨大,长 2~3 厘米,色青	花蕾棒状,顶端明显膨大,并呈白色,蕾基较细而呈青色,长 3~4 厘米	含苞待放,整个花蕾几乎全变为白色,仅其基部色稍青,长 4~4.5 厘米	花蕾完全开放,下唇瓣反转,花柱外露,花色银白	色变金黄,随后枯萎凋落

类 别	三青期	二白期	大白期	银花期	金花期
干 花	棒状花蕾，不开裂，长1.5~2.5厘米，色青黄	棒状花蕾不开裂，长2.5~3.5厘米，色黄白	花蕾上部开裂，但上唇瓣不反转，长约3.5厘米，色黄白	花开放，顶中端呈二唇形，上唇瓣反转，色较大白期稍深	花瓣开裂，色黄棕

由于金银花的花期短促而集中，故采收必须适时。采收过早，虽然质量较好，但产量低；如待花朵全部开放才采收，虽产量较高，则花粉、香气散失，干燥率低，质量亦较差。宜在花蕾由绿变白、顶部膨大、含苞待放、花冠呈金黄色时采收为佳。以每天上午 9 时许采的花质量最好，采花宜在上午完成。

经研究，不同采收期除花的有效成分有差别外，其花的营养成分氨基酸含量变化亦有较大差异（表 7-3）。

表 7-3　不同采收期金银花氨基酸含量　（％）

氨基酸	二 白	大 白	银 花	金 花	氨基酸	二 白	大 白	银 花	金 花
天冬氨酸	1.177	0.866	0.819	0.826	赖氨酸	0.575	0.438	0.387	0.368
苏氨酸	0.506	0.381	0.364	0.360	组氨酸	0.350	0.304	0.285	0.292
丝氨酸	0.475	0.361	0.343	0.330	精氨酸	0.593	0.460	0.419	0.103
谷氨酸	1.657	1.185	1.187	1.105	脯氨酸	0.721	0.424	0.364	0.369
甘氨酸	0.658	0.502	0.494	0.508	总氨基酸	11.330	8.551	8.180	7.957

氨基酸	二 白	大 白	银 花	金 花	氨基酸	二 白	大 白	银 花	金 花
丙氨酸	0.680	0.526	0.196	0.484	必需氨基酸	4.088 (36.08)	3.176 (37.14)	3.022 (36.94)	3.174 (39.89)
半胱氨酸	0.193	0.167	0.173	0.180					
缬氨酸	0.778	0.614	0.595	0.602	中性氨基酸	6.722 (59.33)	5.106 (59.71)	4.885 (59.72)	5.063 (63.63)
蛋氨酸	0.142	0.143	0.129	0.148					
异亮氨酸	0.656	0.510	0.488	0.501	酸性氨基酸	2.834 (25.01)	2.051 (23.99)	2.006 (24.53)	1.931 (24.27)
亮氨酸	1.026	0.791	0.769	0.779					
络氨酸	0.482	0.388	0.380	0.386	碱性氨基酸	1.774 (15.66)	1.394 (16.30)	1.289 (15.76)	0.963 (12.10)
苯丙氨酸	0.405	0.299	0.290	0.416					

注:括号内数字为占总氨基酸含量的百分数

从表 7-3 看出,氨基酸的含量亦随发育阶段越高,其含量亦有随之下降的趋势。花的 4 个发育阶段以二白和大白期阶段其氨基酸含量为高。

(二)采收注意事项

采收时所选用的器具或箩或筐及运输车等,必须在使用前清洗干净,保持清洁,以免造成污染。

二、种子选留

金银花一般于 5 月初至 5 月中旬便现花蕾,为了选好种子,应在开花时就选择植株生长健壮、枝条节间短而粗壮、开花早、无病虫害、具有金银花典型性状的植株,按其不同的花型,分别做标记。于 10 月下旬至 11 月中旬,按标记分摘成熟浆果(蓝黑色或红黑色)分摊于通风处,使还未完全成熟的浆果继续后熟,再将完全成熟的果子用清水浸泡搓洗,去掉果皮、果肉、秕粒及杂质,留饱满种子经晒干后,沙藏备用。

根据种子的多少,沙藏方法有 2 种,若种子较少,可直接将晒干的种子拌入 5 倍以上的湿润河沙或湿润的细土贮藏于合适的器具内,保持一定的湿度即可;如果种子量较多,可于野外开沟贮藏。即在屋外选择地势较高处挖 1 条深 30 厘米、宽 40～80 厘米、长视种子多少而定,可大可小,将种子掺上 5～10 倍的干净河沙或细土,拌匀后铺入沟内,使之与地持平,上边盖上一层草席,其上再覆盖 20 厘米厚的沙土,呈屋脊状,防止雨水渗入沟内,沙的湿度以手握成团不滴水,松手略散开为宜。湿度过大易造成种子霉烂,湿度过小,易使种子失水而影响发芽,降低出苗率。但一定要注意冬藏时间要适宜,过长过短均影响出苗后的成活率(见表 2-1)。

从表 2-1 可以看出,金银花种子贮藏时间以 60 天为宜。

三、产品加工方法

为了保证金银花的质量及其临床用药的疗效,除了适时采收外,其加工方法仍至关重要,加工的优劣直接关系到产品质量和经济效益,因此在加工这一环节上应引起重视。

金银花的加工方法较多,有直接晾晒干法、晒干法、硫熏法、水蒸晒烘法、普通烘干法及烘干保质法等,可因地及其产量多少酌情而定,以能确保其产品质量为标准。

(一)直接晒干法

鲜品采回后,松散地薄薄地摊于竹箕席或干净的水泥地上暴晒,但温度不宜超过 40℃,尽量少翻动,否则花色欠佳或花蕾断碎,更不可将花堆积日久,否则花色会变成黑褐色。晒干法虽简便易行,但须天气晴朗,1 日内可晒至 6～7 成干,翌日续晒。及时暴晒至干者,产品颜色是黄绿相间的,但颜色不太稳定,放置过久可能会变成棕黄色,需反复晾晒至完全干燥后置于干燥器具中保存。

(二)直接晾干法

如因天气不好或因阴雨而不能进行日晒,也可采用晾干的方法。也即将鲜品置于通风处薄摊晾干,直至完全干燥后密封保存。

(三)水蒸晒烘法

金银花采回后及时去杂,然后放于甑子中用开水蒸至冒气时即起锅取出,及时晒干或烘干即可。

(四)硫熏晾晒法

将采回的鲜品去净枝叶杂质于器具内用硫磺熏至花发软后取出撒于水泥地或竹席上晒干或晾干即可。

(五)普通烘干法

根据各自的具体情况建造一个简易的烘房,将采回的鲜花薄摊在烘房内(可用竹架多层烘),初烘温度控制在 30℃～35℃,烘 2 小时后,再将温度升至 40℃,烘至 5～8 小时后排湿,排湿后迅速将温度升至 55℃～60℃,以便迅速烘干。掌握烘烤火候是高质高产的关键,烘时不能翻动,中途不能停火,否则影响质量。

(六)烘干保质法

在合适处建造一个既能通风良好又能保湿的简易烘烤房。将采回的鲜品按照以下的步骤进行烘烤。

1. 装花前的准备 在烘房装花前先检查其供热、通风、排湿、装花、测控等各部位是否符合技术要求,然后加热至50℃～60℃,使烘房干燥,并检验烘房的功能。

2. 装花 将采回的鲜花轻手均匀地撒于花筐内或花架上3～4厘米厚,注意不要翻动或淋水,以防变色降低花质量。花筐、花架要透气好,易取放,不漏花,坚固。装花时要注意先上后下,先里后外,留出空隙,以利于透热排湿,并将含水量大、露水多的鲜花放于烘房底层,以利于烘烤均匀。

3. 烘烤 装花前关闭所有通风、排湿设施,点火1～1.5小时,迅速升温至干表温度42℃～45℃尽快抑制或杀灭金银花自身的氧化酶,以减少有效成分的丢失和绿原酸的氧化分解代谢。待鲜花开始软化,出汗脱水,干表温度与湿表温度相差1℃～2℃,房内充满水蒸气时,室内干表温度保持在47℃～50℃。如温度保持不够,将通风口一部分关闭(每次4～5分钟),干表温度与湿表温度相差5℃～6℃时再打开。2～3小时后鲜花水分大部分蒸发,干表温度与湿表温度相差14℃～16℃时,升温至55℃时逐渐关闭通风排湿设施,保持温度1～2小时,在干表温度与湿表温度相差16℃～18℃时停火。

4. 闷芯 火炉停火后,关闭全部通风、排湿及散热的所有设施1～1.5小时,使金银花花芯中水分闷出,以利于久存而不变质。

5. 出花 经过1～1.5小时闷芯,花芯中水分基本排出,到干表温度下降至 48℃～50℃ 时,打开全部通风、排湿口迅速排湿降温,到干表温度 38℃～40℃ 时,打开房门即可出花。

为防止金银花烘烤太过至色泽过深,或烘烤不透致使有效成分含量降低,要随时观察,严把温度、干湿度差和时间,以及通风排湿量,并根据情况及时调换鲜花部位,在烘烤过程中的技术要领为"三看三定"和"三严三活"。所谓"三看三定"就是看金银花的变化,定温度、湿度和时间;看温度高低,定火力的大小;看温度和干湿度差,定通风、排湿量。所谓"三严三活"就是掌握金银花色泽变化要严,时间长短要灵活;控制温度和干湿度要严,通风排湿的程度要灵活。

经反复实践证明,烘干保质法与沿用的普通烘干法及晾晒法相比,干花产率比普通烘干法高 0.8%,比晾晒干法高 1.9%;干花优质率比普通烘干法高 33%,比晾晒高 52%;挥发油含量比普通烘干法高 0.05%,比晾晒法高 0.01%;绿原酸含量比普通烘干法高 0.26%,比晾晒法高 0.28%。烘干保质法烘出的干花质量好,干花率高,外观色泽纯正,手感好且干燥时间缩短 10～18 小时,每千克干花消耗燃料减少 0.45 千克和 0.66 千克。三法比较见表 7-4。

表 7-4　快速烘干保质法与其他干燥法比较

方　　法	外观色泽	干燥时间（小时）	绿原酸（%）	干花率（%）	挥发油（%）	优质率（%）
烘干保质法	米黄润	8	6.88	24.20	0.025	100
普通烘干法	黄棕燥	18	6.32	23.40	0.020	67
晾晒法	淡黄棕润	26	6.26	22.30	0.024	48

从表 7-4 可看出,以烘干保质法的加工方法为佳。但须

注意的是无论采用哪种干燥法,均应在 1～2 天内再烘(晒)1次,使其干透,才能保证其质量。

四、产品包装

为了不使金银花产品受到二次污染,做到安全保质所用包装器具一定要清洁干净,禁止使用农药、化肥原包装物及被污染的其他包装物,要用国家统一规定的清洁卫生的麻袋或编织袋或纸箱、纸盒等,实行定量包装。

目前金银花上市有两种包装方法:一是小盒式包装;二是大箱式包装。小盒包装分 2 层,每层放 1 千克,然后每 4 小盒装一大箱;大箱包装要分隔分层,每层保持在 2 千克左右,4层总重量保持在 10 千克以内,这样便于远距离运输,保证花的质量。如就近加工处理散装就可以了。

包装时一定要内装质量卡,卡上标明药材名称、产地、销售单位、质量、收获日期、质量标准等。

包装盒箱的封口处还要设置绿色药材标准卡。

五、产品运输

运输工具必须清洁,近期装运过农药、化肥、煤炭、矿产品、禽畜及有毒的运具,未经消毒处理者严禁运输,要整车或专车装运,不能与有毒、有害物品及易串味、易混淆、易污染的物品同车装运。否则,易造成污染而影响金银花的产品质量。

装运金银花时,必须同随人员当面查清件数、数量、随运人、发货人、司机等均要在发货清单上签名。不能及时运出的金银花产品,包装后及时入库保存,不得露天堆放。

六、产品贮藏

金银花贮藏,要求达到通风、避光、防火、防水、防潮和防虫蛀等条件。按上述条件应有相应的设备和措施。选择干燥、环境整洁、无任何污染的密封专用仓库贮存,库内设置温度表、干湿温度计。库房温度控制在 30℃ 以下,空气相对湿度 70%~75%,药材含水量控制在 8%~10%。如金银花产量较少,可存放在大缸内,缸底放少量石灰吸湿,上面盖塑料布防潮。在贮藏过程中,如出现潮湿或发霉,可采用阴干或晾晒的方法,也可用文火缓缓烘焙,切忌暴晒,以防变色。晾晒或烘烤干燥后,要待其回软才能进行包装,否则花朵易破碎,影响等级和质量,如果发生虫蛀,数量少的可用硫磺熏蒸,数量较大可用低毒农药,如磷化铝熏蒸或密封抽氧充氮保护。熏蒸时间不宜过长,一般熏蒸 1 天即可,熏蒸过长则会影响花朵色泽而降低价值。金银花的贮藏除上述方法外,还应注意学习与采纳现代贮藏保管新技术、新设备,如冷冻气调等。库房工作人员必须履行职责,确保金银花产品质量。

第八章 金银花标准化生产的产品规格、质量标准及其真伪鉴别

一、产品规格、质量标准及质量监测

(一)产品规格和质量标准

根据中华人民共和国卫生部、国家医药管理局制定的药材商品规格标准,金银花分 4 个等级。

一等 干货。花蕾呈棒状,上粗下细,略弯曲,表面黄白色或白绿色,棕头。花冠厚、质稍硬,握之有顶手感。气清香,味甘微苦。开放花蕾及黄条不超过 5%,无黑头、黑条、枝叶、杂质及霉变。绿原酸含量不低于 1.5%,木犀草苷不得少于 0.1%。

二等 干货。表面浅棕黄色,花蕾开口,黄条及黑头不超过 10%,少量枝叶。无杂质及霉变。绿原酸含量不低于 1.5%,木犀草苷不得少于 0.1%。

三等 干货。表面黄棕色和少量黄白色,花蕾开口及黑条不超过 30%,少量枝叶,无杂质及霉变。绿原酸含量不低于 1.5%,木犀草苷不得少于 0.1%。

四等 干货。表面棕褐色和少量白色,开口花蕾与开放花朵兼有,色泽不鲜,少量枝叶。无杂质、虫蛀、霉变。绿原酸含量不低于 1.5%,木犀草苷不得少于 0.1%。

(二)质量监测

1. 主要成分监测 金银花主要含有挥发油、黄酮类、三萜类、有机酸、醇类、微量元素等。主要有效成分为绿原酸、木犀草苷、异绿原酸和咖啡酸,绿原酸的分子式为:$C_{16}H_{18}O_9$。其成分均用 HPLC 和 GC 法测定。

2. 重金属及农药残留含量的限度 按国家原对外贸易经济合作部发布的《药用植物及制剂进出口绿色行业标准》规定的 Pb≤0.5、Cd≤0.3、Hg≤0.2、Cu≤20.0、As≤2.0、六六六≤0.1、滴滴涕≤0.1毫克/千克执行。

3. 金银花 GAP 基地生存环境监测结果 土壤及灌溉水的公害元素 Cu、Pb、Cd、Hg、As 均未超标。土壤符合 GB 5618—1995 土壤质量二级标准,空气符合 GB 3095—1996 大气环境二级标准,灌溉水符合 GB 5084—1992 农田灌溉水质标准。

二、金银花的真伪鉴别

为了规范金银花药材产品,保证金银花药材安全有效,需将正品金银花或地域性金银花药材与混伪品做真伪鉴别。

(一)同属植物分类学上的主要特征

忍冬科忍冬属植物全世界有 200 多种,我国有 98 种。据调查,在我国民间称"金银花"的植物有 40 余种,均来源于忍冬科忍冬属的不同植物。

正品金银花与山银花的红腺忍冬 *Lonicera hypoglauca* Miq、华南忍冬 *Lonicera confusa* DC. 和灰毡毛忍冬 *Lonice-*

ra macranthoides Hand.-Mazz. 的性状与显微鉴别。

1. 性状鉴别

(1)金银花　花蕾呈细长鼓槌状,稍弯曲,长 2～3 厘米,上粗下细,上部直径约 3 毫米,下部直径约 1.5 毫米,外表黄白色或绿白色,贮久色渐深,密被短柔毛及腺毛。偶见卵形或椭圆形大型叶状苞片(长达 2～3 厘米),花萼细小,黄绿色,先端 5 裂,顶端尖而有长毛,外面和边缘都有密毛,长 1 厘米,比萼筒稍短,花冠筒状,上部稍开裂。偶有开放的花,花冠二唇形,冠筒稍长于唇部,少近等长,雄蕊 5 枚,花丝着生于筒壁,雌蕊 1 枚,子房无毛,气清香,味微苦。

(2)红腺忍冬　花蕾长 2.5～4.5 厘米,膨大处直径 0.8～2 厘米,表面黄白色或黄棕色,毛茸较少,小苞片条状披针形而顶渐尖,萼筒无毛,先端 5 裂,裂片长三角形.长约为萼筒的 1/3～2/3,萼齿边缘有毛。开放者花冠下唇反转,花柱无毛。

(3)华南忍冬　花蕾长 1.6～3.5 厘米,直径 0.5～2 厘米,表面密被毛茸,苞片披针形,长 1～2 厘米,萼筒椭圆形,亦被毛,萼齿披针形或卵状三角形,外密被短柔毛,子房有毛。

(4)灰毡毛忍冬　花蕾长 3～4.5 厘米,上部直径约 2 厘米,下部直径约 1 厘米,表面棕绿色或黄白色,萼筒无毛,萼筒常有蓝白色粉,无毛或上半部或全部有毛,长近 2 厘米,萼齿三角形,长 1 厘米,比萼筒稍短,总花梗集结成簇,开放者花冠裂片不及全长之半。质稍硬,捏之稍有弹性。

2. 显微鉴别

(1)金银花　腺毛多见两种,一种头部呈倒圆锥形,顶部平坦,侧面观 10～33 个细胞,排成 2～4 层,直径 48～

108 微米,腺柄 2～5 个细胞,长 70～700 微米;另一种头部呈类圆形或扁圆形,侧面观 6～20 个细胞,直径 24～80 微米。腺柄 2～4 个细胞,长 24～80 微米。单细胞非腺毛也有 2 种,一种厚壁,长 45～990 微米,直径 14～37 微米,壁厚 5～10 微米,微具疣状突起,有的具角质螺纹;另一种为薄壁非腺毛,极多,甚长,弯曲而皱缩。花粉粒类球形,直径 60～92 微米,黄色,表面有细密短刺及圆颗粒状雕纹。具 3 个萌发孔沟。

(2)红腺忍冬　腺毛头部盾形而大,顶面观 8～40 个细胞,直径 60～176 微米,侧面观 7～10 个细胞,排成 1～2 层。厚壁非腺毛长 38～1 408 微米,有的呈钩状。

(3)华南忍冬　腺毛头部倒圆锥形或盘形,顶端多凹陷,侧面观 10～100 个细胞,直径 32～152 微米,排成 3～5 层。厚壁非腺毛长约 848 微米,具双或单螺纹。

(二)金银花与混伪品的比较鉴别

由于金银花应用范围甚广,尤其是经"非典"以来的流行性疾病传播频繁的现实情况下,目前市场上除了正品金银花和地域性金银花外,个别药贩因受经济利益的驱使,便在金银花药材中加入了一些外形与金银花相似的伪品花蕾或花,更有甚者还在金银花产品中加入锯末、食盐、滑石粉、石英粉及泥土等,严重影响金银花产品的质量和用药的安全。

正品金银花与混伪品毛瑞香、夜香树花、湖北羊蹄甲、北青香藤和八角枫花的鉴别。

1. 性状鉴别

(1)正品金银花　呈长棒状,尖端稍膨大,下部较细,略弯曲,似小羹匙,长 2～3 厘米,上部直径约 3 毫米,下部直径约 1.5 毫米,表面黄白色或绿白色,贮久色渐深而显黄棕色,密被短柔毛及腺毛,基部常附有绿色的花萼,尖端 5 裂,裂片具毛茸呈三角形,开放者花冠筒状,尖端二唇形,皱卷,雄蕊 5 枚,黄色,附于筒壁,雄蕊 1 枚,略长于雄蕊,雌、雄蕊往往呈须状伸出花冠外,子房下位无毛,气清香,味淡微苦。

(2)混伪品毛瑞香 呈棒状或细筒状,常单个散在或数个聚集成束,长 0.9～1.2 厘米,灰黄色,外被灰黄色绢状毛,基部具数枚早落的苞片,花被筒状,长约 10 毫米,先端 4 裂,裂片卵形,长约 5 毫米,近平展,花盘环状,边缘波状,雄蕊 8 枚,排列成二轮,分别着生在花筒之上、中部,上、下轮雄蕊各 4 枚,呈互生,雌蕊 1 枚,花柱硬短,子房上位,长椭圆形,光滑无毛,气微香,味辛苦涩。

(3)混伪品夜香树花 呈细短条形,尖端略膨大,微弯曲,长 1.9～2.2 厘米,上部直径约 2.5 毫米,表面淡黄棕色,被稀疏短柔毛,花萼细小淡黄绿色,尖端 5 裂。花冠筒状,花冠裂片 5 枚,雄蕊 5 枚与花冠裂片互生,花丝与花冠管近等长,下方约 5/6 贴生于花冠管上,上方约 1/6 离生,在分离处有一小分岔状附属物,雌蕊 1 枚与雄蕊近等长,子房上位,花柱细长,柱头头状,中间微凹,气微香,味淡。

(4)混伪品湖北羊蹄甲花 呈长棒状,上部膨大,下部纤细。长 1.5～2.5 厘米。外表面棕褐色,密被棕色柔毛。萼筒长 1.3～1.7 厘米,裂片 2 个;花冠棕褐色,花瓣 5 枚,雄蕊 10 枚,子房无毛,有长柄。气微、味苦。

(5)混伪品北青香藤花 呈长棒状,较均匀,上端稍钝。长 1～1.5 厘米。外表面棕色或黄白色,或棕色,长约 2 厘米,裂片 4 个,矩圆形或倒卵状矩圆形,长 0.7～1 厘米,雄蕊 2

枚,气微、味苦。

（6）混伪品八角枫花　呈柱状,两端近等、不弯曲,长0.8～1.5厘米,直径约1.5毫米。表面淡黄色,具稀细毛,花萼黄绿色,有稀细毛,顶端略扩展成杯状,具6～8小齿,长2～3毫米,花瓣6～8枚,全裂,黄白色,线形,开放后花瓣多反卷,长约1.2厘米,雄蕊6～8枚,长约与花瓣相等,花丝极短,为花药长的1/5～1/4,密被绒毛,花药线形,雌蕊1枚,子房下位无毛,柱头3浅裂。气微、味淡。

2. 显微鉴别

（1）金银花　粉末黄白色,花粉粒呈类球形或圆三角形,直径60～70微米,黄色,外壁具小刺状突起,萌发孔3个;腺毛有2型:一种头部扁平,呈倒圆锥形,由20～30个细胞组成;另一种头部近圆形,由10余个细胞组成;非腺毛多单细胞结构,有2种类型:一种长而弯曲,壁薄,壁疣明显;另一种较短,壁厚,光滑或稍有壁疣;有小型草酸钙簇晶(图8-1)。

（2）毛瑞香花　粉末浅黄棕色。非腺毛有2种:一种为1～2个细胞组成,长68～183微米,直径16～20微米,尖端钝圆,有的有分枝,表面可见有角质纹理,皱波状;另一种由1～3个细胞组成,长49～263微米,直径17～29微米,细胞壁稍增厚,顶端细胞尖部和两细胞相接处可见纹孔和孔沟;柱头表面细胞向外突起呈乳头状,下方壁薄,细胞中含有细小的草酸钙沙晶,内侧组织中有石细胞群,石细胞类方形,直径23～35微米,孔沟明显;花粉粒淡黄色,类球形或浅3裂圆形,直径26～31微米,具3个复合萌发孔,其沟的两端几乎达两极,内孔横长和沟直交分布于赤道面上(图8-2)。

（3）夜香树花　粉末灰黄色或黄绿色;非腺毛极多,但细

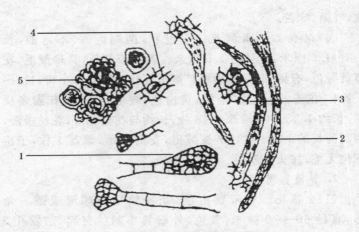

图 8-1　忍冬花显微特征

1. 腺毛　2. 非腺毛　3. 草酸钙簇晶　4. 气孔　5. 花粉粒

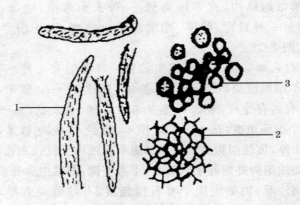

图 8-2　毛瑞香花显微特征

1. 非腺毛　2. 花被边缘细胞　3. 花粉粒

胞稍弯曲,微显疣状突起或不明显,无腺毛;花粉粒黄色,类球形至球形,直径 20～40 微米,外壁较厚,表面有细小的刺状雕纹,萌发孔不明显;花被裂片边缘细胞乳头状突起较明显(图8-3)。

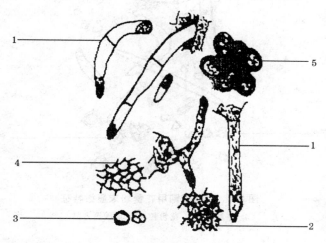

图 8-3　夜香树花的显微特征
1. 非腺毛　2. 草酸钙沙晶　3. 花粉粒　4. 柱头表皮细胞

(4)湖北羊蹄甲花　粉末呈黄褐色或黄色。非腺毛极多,均为单细胞,里披针形,长 124～334 微米,直径 17～16 微米,壁不均匀增厚,基部可见矩圆形的细胞,先端钝。草酸钙方晶极多,直径 11～11 微米。花粉粒极多,黄褐色或淡黄色,极面观近三角形,赤道面观呈椭圆形,直径 30～58 微米;外壁具点状突起的雕纹,萌发孔 3 个(图 8-4)。

(5)北青香藤花　呈棕褐色。非腺毛极少,一般为单细胞。偶见有多细胞(多可见 4 个以上),直径 24～25 微米,壁薄,光滑,先端钝。草酸钙方晶较少,直径 10～18 微米。螺纹

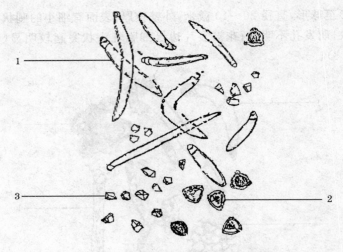

图 8-4　湖北羊蹄甲花蕾粉末显微特征
1. 非腺毛　2. 花粉粒　3. 草酸钙方晶

导管,直径 10～12 微米,石细胞呈长椭圆形,外壁具棕色小斑点,直径 12～54 微米。花粉粒极多,圆形或椭圆形,直径47～66 微米,外壁具不规则的条状或网状雕纹,萌发孔 3 个。花冠表皮细胞呈多边(图 8-5)。

(6)八角枫花　八角枫花粉末呈黄白色,气微。花粉粒众多,球形,直径 40～50 微米,萌发孔 3 个,外壁表面纹饰为密集的颗粒状突起。无腺毛,非腺毛单细胞组成,长 17～80 微米,直径 10～22 微米,略弯曲,基部膨大,有的近基部有一直角弯折。薄壁细胞中密布草酸钙簇晶,棱角尖锐,直径8～17 微米(图 8-6)。

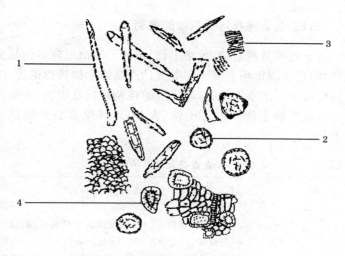

图 8-5　北青香藤花蕾粉末显微特征
1. 非腺毛　2. 花粉粒　3. 导管　4. 石细胞

图 8-6　八角枫花粉末显微特征
1. 非腺毛　2. 花粉粒　3. 草酸钙簇晶

(三)正品金银花与掺杂物的鉴别

由于近年货源短缺,价格上涨,市场上除出现较多伪品金银花外,还发现市场上有一定数量的产品掺杂物进行销售,给人民健康带来了很大危害,为了杜绝掺杂物扰乱市场,现将正品金银花与掺杂物品进行比较(表 8-1),以供鉴别金银花时参考。

表 8-1　金银花及其掺杂物比较

名　称	性　状	理化特征
正　品	棒状,略弯曲,表面黄白色,密被短柔毛,花萼绿色,先端 3 裂,裂片有毛,花冠筒状,雄蕊 5 枚,黄色,雌蕊 1 枚,子房无毛,气清香,味淡,味苦	以绿原酸为对照品、醋酸丁酯—甲酸—水(7-4-5-2-5)为展开剂,对金银花粉末做薄层色谱试验,结果,在与对照品相应位置上,显示相同颜色的荧光斑点
掺红糖	淡棕色至棕色,手感有黏性,质重,气清香,味甜	本品水溶液煮沸 0.5 小时,缓缓滴入温热的碱性酒石酸铜试剂中,即生成氧化亚铜红色沉淀
掺　盐	易吸湿,质润柔,质重,味咸	水溶液加硝酸银试液产生氧化银白色沉淀

续表 8-1

名　　称	性　　状	理化特征
掺白矾	质硬而脆,味酸而涩,手捻发涩	(1)用盐酸湿润后的铂丝蘸取本品水溶液,在无色火焰中燃烧,火焰即显紫色 　(2)本品水溶液加氢氧化钠试液,生成白色胶状沉淀,分离,沉淀能在过量的氢氧化钠试液中溶解 　(3)本品水溶液加氢氧化钡试液,即生成白色沉淀,沉淀物在盐酸或硝酸中均不溶解
掺黏土	不规则棒状、块状,无柔毛,土黄色,牙碜感明显,质重。手抓起掉在木桌上有明显声响	溶水后有泥土沉淀
掺滑石粉	表面呈乳黄色,手捻光滑感,能染色	本品水溶液置烧杯中,加入盐酸 10 毫升,盖上表面皿,加热至微沸,不断摇动,保持微沸 10 分钟,取下,用快速过滤纸滤过,用水洗涤残渣 4～5 次,取残渣约 0.1 克,置铂钳锅中,加入硫酸 10 滴和氢氟酸 5 毫升,加热至冒二氧化硫白烟时,取下冷却后,加水 10 毫升,使溶解,取溶液 2 滴,加镁试剂 1 滴,滴加氢氧化钠溶液使成碱性,生成天蓝色沉淀

名　　称	性　　状	理化特征
掺河沙	黄白色或淡棕色,放在手上振荡后有细沙流下	水溶液有细沙沉淀
用黄色染料染色	黄色鲜明,手抓易被染黄,严重者掉黄色面	溶于水中易将水染黄
掺萝卜丝	黄白色,质轻,呈条状,无花冠	水浸泡后呈棒状
掺石灰水	色稀暗,可见灰色小块	通入 CO_2 气体,有白色沉淀产生,过量则沉淀消失

　　掺杂的金银花,其形状与正品基本相同,但与正品比较,有的质量酥脆,握之"闯手",有的质地湿重,药材表面附有异物,味多苦、涩、咸、甜等怪味,除外表可直观鉴别外,还可用上表的理化特征予以鉴别。

附 录

附录一 中药材生产质量管理规范（试行）

《中药材生产质量管理规范（试行）》于 2002 年 3 月 18 日经国家药品监督管理局局务会审议通过，现予发布。本规范自 2002 年 6 月 1 日起施行。

第一章 总 则

第一条 为规范中药材生产，保证中药材质量，促进中药材标准化、现代化，制订本规范。

第二条 本规范是中药材生产和质量管理的基本准则，适用于中药材生产企业（以下简称生产企业）生产中药材（含植物、动物药）的全过程。

第三条 生产企业应运用规范化管理和质量监控手段，保护野生药材资源和生态环境，坚持"最大持续产量"原则，实现资源的可持续利用。

第二章 产地生态环境

第四条 生产企业应按中药材产地适宜性优化原则，因地制宜，合理布局。

第五条 中药材产地的环境应符合国家相应标准：

空气应符合环境空气质量二级标准；土壤应符合土壤环境质量二级标准；灌溉水应符合农田灌溉水质量标准；药用

动、物饮用水应符合生活饮用水质量标准。

第六条 药用动物养殖企业应满足动物种群对生态因子的需求及与生活、繁殖等相适应的条件。

第三章 种质和繁殖材料

第七条 对养殖、栽培或野生采集的药用动植物,应准确鉴定其物种,包括亚种、变种或品种,记录其中文名及学名。

第八条 种子、菌种和繁殖材料在生产、贮运过程中应实行检验和检疫制度以保证质量和防止病虫害及杂草的传播;防止伪劣种子、菌种和繁殖材料的交易与传播。

第九条 应按动物习性进行药用动物的引种及驯化。捕捉和运输时应避免动物机体和精神损伤。引种动物必须严格检疫,并进行一定时间的隔离、观察。

第十条 加强中药材良种选育、配种工作,建立良种繁育基地,保护药用动植物种质资源。

第四章 栽培与养殖管理

第一节 药用植物栽培管理

第十一条 根据药用植物生长发育要求,确定栽培适宜区域,并制定相应的种植规程。

第十二条 根据药用植物的营养特点及土壤的供肥能力,确定施肥种类、时间和数量,施用肥料的种类以有机肥为主,根据不同药用植物物种生长发育的需要有限度地使用化学肥料。

第十三条 允许施用经充分腐熟达到无害化卫生标准的农家肥。禁止施用城市生活垃圾、工业垃圾及医院垃圾和粪便。

第十四条　根据药用植物不同生长发育时期的需水规律及气候条件、土壤水分状况,适时、合理灌溉和排水,保持土壤的良好通气条件。

第十五条　根据药用植物生长发育特性和不同的药用部位,加强田间管理,及时采取打顶、摘蕾、整枝修剪、覆盖遮荫等栽培措施,调控植株生长发育,提高药材产量,保持质量稳定。

第十六条　药用植物病虫害的防治应采取综合防治策略。如必须施用农药时,应按照《中华人民共和国农药管理条例》的规定,采用最小有效剂量并选用高效、低毒、低残留农药,以降低农药残留和重金属污染,保护生态环境。

第二节　药用动物养殖管理

第十七条　根据药用动物生存环境、食性、行为特点及对环境的适应能力等,确定相应的养殖方式和方法,制定相应的养殖规程和管理制度。

第十八条　根据药用动物的季节活动、昼夜活动规律及不同生长周期和生理特点,科学配制饲料,定时定量投喂。适时适量地补充精料、维生素、矿物质及其他必要的添加剂,不得添加激素、类激素等添加剂。饲料及添加剂应无污染。

第十九条　药用动物养殖应视季节、气温、通气等情况,确定给水的时间及次数。草食动物应尽可能通过多食青绿多汁的饲料补充水分。

第二十条　根据药用动物栖息、行为等特性,建造具有一定空间的固定场所及必要的安全设施。

第二十一条　养殖环境应保持清洁卫生,建立消毒制度,并选用适当消毒剂对动物的生活场所、设备等进行定期消毒。加强对进入养殖场所人员的管理。

第二十二条　药用动物的疫病防治,应以预防为主,定期接种疫苗。

第二十三条　合理划分养殖区,对群饲药用动物要有适当密度。发现患病动物,应及时隔离。传染病患动物应处死,火化或深埋。

第二十四条　根据养殖计划和育种需要,确定动物群的组成与结构,适时周转。

第二十五条　禁止将中毒、感染疫病的药用动物加工成中药材。

第五章　采收与初加工

第二十六条　野生或半野生药用动、植物的采集应坚持"最大持续产量"原则,应有计划地进行野生抚育、轮采与封育,以利于生物的繁衍与资源的更新。

第二十七条　根据产品质量及植物单位面积产量或动物养殖数量,并参考传统采收经验等因素确定适宜的采收时间(包括采收期、采收年限)和方法。

第二十八条　采收机械、器具应保持清洁、无污染,存放在无虫鼠害和禽畜的干燥场所。

第二十九条　采收及初加工过程中应尽可能排除非药用部分及异物,特别是杂草及有毒物质,剔除破损、腐烂变质的部分。

第三十条　药用部分采收后,经过拣选、清洗、切制或修整等适宜的加工,需干燥的应采用适宜的方法和技术迅速干燥,并控制温度和湿度,使中药材不受污染,有效成分不被破坏。

第三十一条　鲜用药材可采用冷藏、沙藏、罐贮、生物保鲜等适宜的保鲜方法,尽可能不使用保鲜剂和防腐剂。如必须使用时,应符合国家对食品添加剂的有关规定。

第三十二条　加工场地应清洁、通风,具有遮荫、防雨和防鼠、虫及禽畜的设施。

第三十三条　地道药材应按传统方法进行加工。如有改动,应提供充分试验数据,不得影响药材质量。

第六章　包装、运输与贮藏

第三十四条　包装前应检查并清除劣质品及异物。包装应按标准操作规程操作,并有包装记录,其内容应包括品名、规格、产地、批号、重量、包装工号、包装日期等。

第三十五条　所使用的包装材料应是清洁、干燥、无污染、无破损,并符合药材质量要求。

第三十六条　在每件药材包装上,应注明品名、规格、产地、批号、包装日期、生产单位,并附有质量合格的标志。

第三十七条　易破碎的药材应使用坚固的箱盒包装;毒性、麻醉性、贵细药材应使用特殊包装,并应贴上相应的标记。

第三十八条　药材批量运输时,不应与其他有毒、有害、易串味物质混装。运载容器应具有较好的通气性,以保持干燥,并应有防潮措施。

第三十九条　药材仓库应通风、干燥、避光,必要时安装空调及除湿设备,并具有防鼠、虫、禽畜的措施。地面应整洁、无缝隙、易清洁。

药材应存放在货架上,与墙壁保持足够距离,防止虫蛀、霉变、腐烂、泛油等现象发生,并定期检查。

在应用传统贮藏方法的同时,应注意选用现代贮藏保管新技术、新设备。

第七章　质量管理

第四十条　生产企业应设质量管理部门,负责中药材生产全过程的监督管理和质量监控,并应配备与药材生产规模、品种检验要求相适应的人员、场所、仪器和设备。

第四十一条　质量管理部门的主要职责:

(一)负责环境监测、卫生管理;

(二)负责生产资料、包装材料及药材的检验,并出具检验报告;

(三)负责制定培训计划,并监督实施;

(四)负责制定和管理质量文件,并对生产、包装、检验等各种原始记录进行管理。

第四十二条　药材包装前,质量检验部门应对每批药材按中药材国家标准或经审核批准的中药材标准进行检验。检验项目应至少包括药材性状与鉴别、杂质、水分、灰分与酸不溶性灰分、浸出物、指标性成分或有效成分含量。农药残留量、重金属及微生物限度均应符合国家标准和有关规定。

第四十三条　检验报告应由检验人员、质量检验部门负责人签章。检验报告应存档。

第四十四条　不合格的中药材不得出场和销售。

第八章　人员和设备

第四十五条　生产企业的技术负责人应有药学或农学、畜牧学等相关专业的大专以上学历,并有药材生产实践经验。

第四十六条　质量管理部门负责人应有大专以上学历,并有药材质量管理经验。

第四十七条　从事中药材生产的人员均应具有基本的中

药学、农学或畜牧学常识，并经生产技术、安全及卫生学知识培训。从事田间工作的人员应熟悉栽培技术，特别是农药的施用及防护技术；从事养殖的人员应熟悉养殖技术。

第四十八条　从事加工、包装、检验人员应定期进行健康检查，患有传染病、皮肤病或外伤性疾病等不得从事直接接触药材的工作。生产企业应配备专人负责环境卫生及个人卫生检查。

第四十九条　对从事中药材生产的有关人员应定期培训与考核。

第五十条　中药材产地应设厕所或盥洗室，排出物不应对环境及产品造成污染。

第五十一条　生产企业生产和检验用的仪器、仪表、量具、衡器等其适用范围和精密度应符合生产和检验的要求，有明显的状态标志，并定期校验。

第九章　文件管理

第五十二条　生产企业应有生产管理、质量管理等标准操作规程。

第五十三条　每种中药材的生产全过程均应详细记录，必要时可附照片或图像。记录应包括：

（一）种子、菌种和繁殖材料的来源；

（二）生产技术与过程：

1. 药用植物播种的时间、数量及面积；育苗、移栽以及肥料的种类、施用时间、施用量、施用方法；农药中包括杀虫剂、杀菌剂及除莠剂的种类、施用量、施用时间和方法等。

2. 药用动物养殖日志、周转计划、选配种记录、产仔或产卵记录、病例病志、死亡报告书、死亡登记表、检免疫统计表、饲料配合表、饲料消耗记录、谱系登记表、后裔鉴定表等。

3.药用部分的采收时间、采收量、鲜重和加工、干燥、干燥减重、运输、贮藏等。

4.气象资料及小气候的记录等。

5.药材的质量评价:药材性状及各项检测的记录。

第五十四条　所有原始记录、生产计划及执行情况、合同及协议书等均应存档,至少保存 5 年。档案资料应有专人保管。

第十章　附　则

第五十五条　本规范所用术语:

(一)中药材　指药用植物、动物的药用部分采收后经产地初加工形成的原料药材。

(二)中药材生产企业　指具有一定规模、按一定程序进行药用植物栽培或动物养殖、药材初加工、包装、贮存等生产过程的单位。

(三)最大持续产量　即不危害生态环境,可持续生产(采收)的最大产量。

(四)地道药材　传统中药材中具有特定的种质、特定的产区或特定的生产技术和加工方法所生产的中药材。

(五)种子、菌种和繁殖材料　植物(含菌物)可供繁殖用的器官、组织、细胞等,菌物的菌丝、子实体等;动物的种物、仔、卵等。

(六)病虫害综合防治　从生物与环境整体观点出发,本着预防为主的指导思想和安全、有效、经济、简便的原则,因地制宜,合理运用生物的、农业的、化学的方法及其他有效生态手段,把病虫的危害控制在经济阈值以下,以达到提高经济效益和生态效益之目的。

（七）半野生药用动植物　指野生或逸为野生的药用动植物辅以适当人工抚育和中耕、除草、施肥或喂料等管理的动植物种群。

第五十六条　本规范由国家药品监督管理局负责解释。

第五十七条　本规范自 2002 年 6 月 1 日起施行。

附录二 药用植物及制剂进出口绿色行业标准

前　言

《药用植物及制剂进出口绿色行业标准》是中华人民共和国对外经济贸易活动中,药用植物及其制剂进出口的重要质量标准之一。适用于药用植物原料及制剂的进出口品质检验。

本标准第四章为强制性内容,其余部分为推荐性内容。

本标准自 2001 年 07 月 01 日实施。

本标准由中华人民共和国对外贸易经济合作部发布并归口管理。

本标准由中国医药保健品进出口商会负责解释。

本标准由中国医药保健品进出口商会、中国医学科学院药用植物研究所、北京大学公共卫生学院、中国药品生物制品检定所、天津达仁堂制药厂负责起草。

本标准主要起草人:关立忠、陈建民、张宝旭、高天兵、徐晓阳。

1. 范围

本标准规定了药用植物及制剂的绿色品质标准,包括药用植物原料、饮片、提取物及其制剂等的质量标准及检验方法。

本标准适用于药用植物原料及制剂的进出口品质检验。

2. 术语

2.1 绿色药用植物及制剂

系指经检测符合特定标准的药用植物及其制剂。经专门机构认定,许可使用绿色标志。

2.2 植物药

系指用于医疗、保健目的的植物原料和植物提取物。

2.3 植物药制剂

系指经初步加工,以及提取纯化植物原料而成的制剂。

3. 引用标准

下列标准包含的条文,通过本标准中引用而构成本标准的条文。本标准出版时,所示版本均为有效。所有标准都会被修订,使用本标准的各方应探讨使用下列最新版本的可能性。

3.1 中华人民共和国药典 2000 版一部 附录 IX E 重金属检测方法

3.2 GB/T 5009.12—1996 食品中铅的测定方法(原子吸收光谱法)

3.3 GB/T 5009.15—1996 食品中镉的测定方法(原子吸收光谱法)

3.4 GB/T 5009.17—1996 食品中总汞的测定方法(冷原子吸收光谱法)(测汞仪法)

3.5 GB/T 5009.13—1996 食品中铜的测定方法(原子吸收光谱法)

3.6 GB/T 5009.11—1996 食品中总砷的测定方法

3.7 SN 0339—95 出口茶叶中黄曲霉毒素 B_1 的检验方法

3.8 中华人民共和国药典 2000 版一部 附录 IXQ 有

机氯农药残留量测定法(附录 60)

3.9 **中华人民共和国药典 2000 版一部** 附录 XIIIC 微生物限度检查法

4. 限量指标

4.1 **重金属及砷盐**

4.1.1 重金属总量≤20.0mg/kg

4.1.2 铅(Pb)≤5.0 mg/kg

4.1.3 镉(Cd)≤0.3 mg/kg

4.1.4 汞(Hg)≤0.2 mg/kg

4.1.5 铜(Cu)≤20.0 mg/kg

4.1.6 砷(As)≤2.0 mg/kg

4.2 **黄曲霉素含量**

4.2.1 黄曲霉毒素 B_1(Aflatoxin)≤5 μg/kg(暂定)

4.3 **农药残留量**

4.3.1 六六六(BHC)≤0.1 mg/kg

4.3.2 DDT≤0.1 mg/kg

4.3.3 五氯硝基苯(PCNB)≤0.1 mg/kg

4.3.4 艾氏剂(Aldrin)≤0.02 mg/kg

4.4 **微生物限度** 个/克,个/毫升

参照中华人民共和国药典(2000 年版一部)规定执行。(注射剂除外)

4.5 除以上标准外,其他质量应符合中华人民共和国药典(2000 年版)规定(如要求)。

5. 检测方法

5.1 **指标检验**

5.1.1 重金属总量:中华人民共和国药典 2000 版一部:附录 IXE 重金属检测方法

5.1.2 铅：GB/T 5009.12—1996 食品中铅的测定方法（原子吸收光谱法）

5.1.3 镉：GB/T 5009.15—1996 食品中镉的测定方法（原子吸收光谱法）

5.1.4 总汞：GB/T 5009.17—1996 食品中总汞的测定方法（冷原子吸收光谱法）（测汞仪法）

5.1.5 铜：GB/T 5009.13—1996 食品中铜的测定方法（原子吸收光谱法）

5.1.6 总砷：GB/T 5009.11—1996 食品中总砷的测定方法

5.1.7 黄曲霉毒素 B_1（暂定）：SN 0339—95 出口茶叶中黄曲霉毒素 B_1 检验方法

5.1.8 中华人民共和国药典 2000 版一部：附录ⅨQ 有机氯农药残留量测定法（附录 60）

5.1.9 中华人民共和国药典 2000 版一部：附录 XIIIC 微生物限度检查法

5.2   其他理化检验

5.2.1 按中华人民共和国药典（2000 年版）规定执行。

6. 检测规则

6.1 进出口产品需按本标准经指定检验机构检验合格后，方可申请使用药用植物及制剂进出口绿色标志。

6.2   交收检验

6.2.1 交收检验取样方法及取样量参照中华人民共和国药典（2000 年版）有关规定执行。

6.2.2 交收检验项目，除上述标准指标外，还要检验理化指标（如要求）。

6.3 型式检验

6.3.1 对企业常年进出口的品牌产品和地产植物药材经指定检验机构化验,在规定的时间内药品质量稳定又有规范的药品质量保证体系,型式检验每半(壹)年进行 1 次,有下列情况之一,应进行复检。

A. 更改原料产地;

B. 配方及工艺有较大变化时;

C. 产品长期停产或停止出口后,恢复生产或出口时。

6.3.2 型式检验项目及取样同交收检验

6.4 判定原则

检验结果全部符合本标准者,为绿色标准产品。否则,在该批次中抽取两份样品复验 1 次。若复验结果仍有 1 项不符合本标准规定,则判定该批产品为不符合绿色标准产品。

6.5 检验仲裁

对检验结果发生争议,由中国进出口商品检验技术研究所或中国药品生物制品检定所进行检验仲裁。

7. 包装、标志、运输和贮存

7.1 包装容器应该用干燥、清洁、无异味以及不影响品质的材料制成 包装要牢固、密封、防潮,能保护品质。包装材料应易回收、易降解。

7.2 标志

产品标签使用中国药用植物及制剂进出口绿色标志,具体执行应遵照中国医药保健品进出口商会有关规定。

7.3 运输

运输工具必须清洁、干燥、无异味、无污染,运输中应防雨、防潮、防暴晒、防污染,严禁与可能污染其品质的货物混装运输。

7.4 贮存

产品应贮存在清洁、干燥、阴凉、通风、无异味的专用仓库中。

参 考 文 献

[1] 方华舟. 不同平衡施肥方式对金银花产量和质量的影响研究. 荆门职业技术学院学报,2007,22(12):5.

[2] 任应党,等. 忍冬细蛾生物学特性及防治. 北京：昆虫知识,2004,41(2):144.

[3] 程慧珍,等. 金银花的害虫豹纹木蠹蛾的防治. 北京：中草药,1989,20(9):29.

[4] 王广军,等. 金银花二种蛀干性害虫的发生特点与防治方法. 北京：中国植保导刊,2006,26(11):33.

[5] 姚银花,等. 药用植物金银花害虫种类及综合防治. 凯里学院学报,2008,26(3):56.

[6] 张惠,等. 金银花褐斑病、白粉病的发生与防治. 合肥：安徽农业,2001,(5).

[7] 王广军. 金银花贮藏期的害虫防治. 郑州：河南科技,2006,(4).

[8] 孟庆杰,等. 金银花繁殖方法与技术. 南京：江苏农业科学,2004(6).

[9] 朱小强,等. 金银花最佳采收期的研究. 北京：林业实用技术,2005(5).

[10] 张永清,等. 不同采收期金银花的质量比较. 北京：特产研究,1990(1).

[11] 刘道平. 金银花的采收与加工现代研究. 乌鲁木齐：新疆中医药,2008,26(4):53.

[12] 许华,等. 金银花与伪品八角枫花的鉴别. 重庆：

基层中药杂志,2002,16(5):39.

　　[13]　梁尚宜.金银花及其混淆品的比较鉴定.南京:海峡学报,1998,10(3):34.

　　[14]　陈桂荣.金银花真伪及掺伪物的鉴别.重庆:基层中药杂志,1998,12(1):7.

　　[15]　谭家铭.金银花的两种混伪品.北京:中药材,1990,18(9):18.

　　[16]　董克满.金银花的化学成分及生物活性.齐齐哈尔:齐齐哈尔医学院学报,2003,24(6):693.

　　[17]　赵国玲,等.金银花化学成分及药理研究进展.北京:中药材,2002,25(10):762.

　　[18]　贺伟.金银花化学成分及药理作用研究.北京:中国医药导报,2007,4(28):8.

　　[19]　华碧春,等.忍冬藤和金银花的草本研究.福州:福建中医学院学报,1996,6(1):27.

　　[20]　彭国照,等.四川盆地区金银花气候适应性及区划研究.北京:中国农业气象,2007(1).

　　[21]　朱小强,等.生态环境对金银花生长开花影响的研究.西安:陕西农业科学,2006(5).

　　[22]　邢俊波,等.金银花质量与生态系统的相关性研究.中医药学刊,2003(8).

　　[23]　黄丽华,等.贵州花江大峡谷黄褐毛忍冬生物学特性初步研究,贵阳:贵州师范大学学报,2003(3).

　　[24]　张重义,等.忍冬的生长特性与金银花药材质量的关系.北京:中药材,2004(3).

　　[25]　李文付,等.金银花分体压藤繁殖试验.南宁:广西林业科学,2007(1).

[26] 田谨为,等.灰毡毛忍冬的种子繁殖栽培技术.北京:中药材,1995(3).

[27] 姚鹏晖,等.忍冬嫩枝扦插快速生根试验.银川:宁夏农学院学报.2003(2).

[28] 孙令学,等.金银花的丰产栽培技术与经济效益研究.北京:中国水土保持,2000(11).

[29] 汪治,等.湘蕾金银花的栽培试验.长沙:湖南中医药导报,2004(11).

[30] 国家药典委员会.中国药典Ⅰ部[J].北京:人民卫生出版社,1963:168;1995:189.

[31] 潘超逸,谈价铭,等.四川金银花的原植物调查.北京:中药材,1991(9):17-19.

[32] 濮祖茂,邢俊波,等.金银花画布形态学研究.北京:中药材,2002(12):854-859.

[33] 柏雪云,王常东,等.金银花扦插繁殖技术.北京:时珍国医国药,2004(6):379-380.

[34] 王恒波,等.金银花繁殖栽培技术.石家庄:河北林业科技,2003(6):379-380.

[35] 华碧村,陈齐光,等.忍冬和金银花的本草研究.福州:福建中医学院学报,1996(1):27-28.

[36] 中国科学院中国植物志编辑委员会.中国植物志.北京:科学出版社,1990.

[37] 黄少军,周晓舟,等.金银花的特征特性及优质高产栽培技术.合肥:安徽农学通报,2007,13(14):13.

[38] 兰阿峰,梁宗锁.金银花扦插育苗技术的研究.西安:西北林学院学报2006,21(2):93-96.